कैसी होगी इक्कीसवीं सदी

कैसी होगी इक्कीसवीं सदी

गुणाकर मुळे

राजकमल प्रकाशन

ISBN : 978-81-267-1985-3

मूल्य : ₹495

पहला संस्करण : 1986
संशोधित एवं परिवर्द्धित संस्करण : 2011

This book is printed on **Print on Demand** Technology : 2026

प्रकाशक : राजकमल प्रकाशन प्रा.लि.
1-बी, नेताजी सुभाष मार्ग, दरियागंज
नई दिल्ली-110 002

शाखाएँ : अशोक राजपथ, साइंस कॉलेज के सामने, पटना-800 006
पहली मंजिल, दरबारी बिल्डिंग, महात्मा गांधी मार्ग, प्रयागराज-211 001
1, अनमोल सोराबजी संतुक लेन, धोबी तलाव, मरीन लाइंस, मुम्बई-400 002
वेबसाइट : www.rajkamalprakashan.com
ई-मेल : info@rajkamalprakashan.com

KAISI HOGI IKKISAVIN SADI
by Gunakar Muley

दो शब्द

आज के बालकों को ही 21 वीं सदी की जिम्मेदारियाँ सँभालनी हैं। 21वीं सदी की परिस्थितियों का सामना करने के लिए ही हमें आज के बच्चों को तैयार करना है। हमारी आज की विविध योजनाएँ भी 21वीं सदी को ध्यान में रखकर ही बननी चाहिए।

लेकिन कौन बताएगा हमें 21वीं सदी का भविष्य?

फलित-ज्योतिष की पोथियाँ यह भविष्य नहीं बता सकतीं। विज्ञान और टेक्नालॉजी के नए-नए आविष्कार दुनिया को बड़ी तेजी से बदल रहे हैं। इसलिए वैज्ञानिक ही कुछ यकीन के साथ हमें भविष्य की परिस्थितियों की जानकारी दे सकते हैं। भविष्य की दुनिया की जानकारी देने के लिए पिछले कुछ दशकों में कुछ गणितीय तरीके भी खोजे गए हैं।

सबके लिए, विशेषकर आज के बच्चों और तरुणों के लिए, यह जानना जरूरी है कि भविष्य में हमें किन संकटों का सामना करना होगा, और इनके क्या हल खोजे जा सकते हैं। पुस्तक में सरल भाषा में मैंने बढ़ती आबादी और भोजन की समस्या, ऊर्जा के नए स्रोत, ज्ञान-भंडार का विस्फोट, भविष्य की अन्तरिक्षयात्राओं, संचार के

साधनों, प्रदूषण के फैलाव आदि के बारे में वैज्ञानिक जानकारी देकर 21वीं सदी में इनसे पैदा होनेवाली परिस्थितियों पर प्रकाश डाला है।

आज के बालक भविष्य की इन कठोर परिस्थितियों को समझकर इन्हें झेलने और दुनिया को सुधारने में समर्थ होने की दिशा में अग्रसर होते हैं, तो मैं समझूँगा कि वैज्ञानिक 'भविष्य कथन' का मेरा यह छोटा-सा प्रयास सफल रहा।

—गुणाकर मुळे

'अमरावती'
सी-210, पांडव नगर
दिल्ली-110092

नोट :

यह पुस्तक पहली बार 1986 में प्रकाशित हुई थी। इस विषय से सम्बन्धित कुछ लेख जो अन्यत्र पत्र-पत्रिकाओं में प्रकाशित थे, उन्हें भी इस पुस्तक में शामिल कर दिया गया है। यह संशोधन मेरे द्वारा ही किया गया है। त्रुटियों के लिए मैं ही जिम्मेदार हूँ।

—शान्ति गुणाकर मुळे

अनुक्रम

कैसी होगी इक्कीसवीं सदी

कब शुरू हुई 21वीं शताब्दी?

पिछले कुछ वर्षों से जिस क्षण की हम आतुरता से प्रतीक्षा करते आ रहे हैं वह अब अधिक दूर नहीं है। हम जल्दी ही इक्कीसवीं शताब्दी की देहली पर कदम रखने जा रहे हैं। इक्कीसवीं सदी की शुरुआत के साथ ही तीसरी सहस्राब्दी की भी शुरुआत होने जा रही है।

आजकल पत्र-पत्रिकाओं में 'नई शताब्दी' और 'नई सहस्राब्दी' की खूब चर्चा है। इक्कीसवीं सदी के लिए बहुत-सारी योजनाएं बन रही हैं, बहुत-सारे वादे किए जा रहे हैं। साथ ही, विविध क्षेत्रों में बीसवीं सदी की उपलब्धियों का लेखा-जोखा प्रस्तुत करने के प्रयास भी आरंभ हो गए हैं।

अच्छी बात है। मगर बुनियादी प्रश्न है। कब से शुरू हो रही है नई 21वीं सदी या नई तीसरी सहस्राब्दी? यह सवाल सिर्फ भारत

से संबंधित नहीं है। मामला ईसाई संवत् के ग्रेगोरी कैलेंडर से सरोकार रखता है, और आज सारे संसार में इस कैलेंडर का प्रचलन है। कई देशों में, इस सार्वभौमिक कैलेंडर के अलावा, अपने परंपरागत पंचांग भी प्रचलित हैं। परंतु प्रश्न का सही उत्तर प्राप्त करने के लिए हमें इस ग्रेगोरी कैलेंडर पर ही विचार करना होगा।

वैसे, यदि भ्रांतियां फैलाई नहीं जातीं, फतवे जारी नहीं किए जाते, तो 21वीं सदी की या तीसरी सहस्राब्दी की शुरुआत का मामला सुस्पष्ट था। क्योंकि, इस कैलेंडर की स्थापित परंपरा को स्वीकार करें तो मौजूदा 20वीं सदी (और दूसरी सहस्राब्दी) का अंत 31 दिसम्बर, 2000 को होगा और 21वीं सदी (और तीसरी सहस्राब्दी) का आरंभ 1 जनवरी, 2001 को होगा।

इस तथ्य को स्वीकार करने में कोई कठिनाई भी नहीं होनी चाहिए। वजह यह है कि ईसाई संवत् की शुरुआत 1 जनवरी 1 ईसवी (A.D.) से मानी जाती है। और, उसके पहले का वर्ष है : 1 ईसा पूर्व (B.C.) अर्थात, 31 दिसंबर 1ईसा पूर्व के बाद अगला दिन 1 जनवरी 1 ईसा पूर्व ही माना गया है। इस संवत् में 'शून्य (0) वर्ष' के लिए कोई स्थान नहीं है, हालाँकि गणितीय दृष्टि से यह व्यवस्था गलत है। लेकिन अब उसका कोई इलाज नहीं है। आरंभ में इस कैलेंडर के निर्माण में जिनका हाथ रहा है उन्हें शून्य (0) का अता-पता ही नहीं था! गणना में शून्य का प्रयोग भारत की खोज है। यूरोप को शून्य की जानकारी लगभग 1000 ई. के बाद मिली।

ईसाई संवत् के इस कैलेंडर में 'शून्य वर्ष' का अभाव है, इसका आरंभ 1 जनवरी 1 ईसा पूर्व से माना जाता है, शताब्दी (century) का अर्थ है पूरे सौ वर्ष, और सहस्राब्दी (millennium) का अर्थ है पूरे 1000 वर्ष, इसलिए–

1 जन. 1 ई. से 31 दिस. 10 ई. तक–प्रथम दशक

1 जन. 1 ई. से 31 दिस. 100 ई. तक–प्रथम शताब्दी

1 जन. 101 ई. से 31 दिस. 200 ई. तक–दूसरी शताब्दी

1 जन. 1901 ई. से 31 दिस. 2000 ई. तक–बीसवीं शताब्दी

1 जन. 2001 ई. से 31 दिस. 2100 ई. तक–इक्कीसवीं शताब्दी

इस तरह, सब कुछ स्पष्ट होने के बावजूद, अमेरिका के कुछ बड़े अखबार (जैसे, *द न्यूयार्क टाइम्स और द वाशिंग्टन पोस्ट*) प्रचारित कर रहे हैं कि इसी साल के अंत (31 दिसम्बर, 1999) के साथ 20वीं शताब्दी और दूसरी सहस्राब्दी का अन्त हो जाएगा; नई शताब्दी और नई सहस्राब्दी की शुरुआत 1 जनवरी, 2000 से होगी।

इस मान्यता को प्रचारित करने में कम्प्यूटरों से सम्बन्धित वाई 2 के (अर्थात्, वर्ष 2000) की समस्या का भी बड़ा योगदान रहा है। समझा जा रहा है कि 31 दिसम्बर, 1999 को मध्यरात्रि के तुरन्त बाद 1 जनवरी, 2000 की शुरुआत हो जाएगी, तो पुराने अधिकांश कम्प्यूटर 'बहक' जाएँगे और समाज-जीवन के बहुत-से क्षेत्रों में भयंकर अव्यवस्था फैल जाएगी। प्रचार-माध्यमों ने इस समस्या को बहुत उछाला है, इसलिए भी बहुतों की, हमारे देश में भी, यह समझ बनी है कि 31 दिसम्बर, 1999 की मध्यरात्रि को ही वर्तमान सदी (दूसरी सहस्राब्दी) का अन्त और नई सदी (तीसरी सहस्राब्दी) का आरम्भ होने जा रहा है! मगर वस्तुस्थिति यह नहीं है।

भ्राँति फैलाने में ईसाई धर्म भी योग दे रहा है। रोम से 'आदेश' जारी हुआ है कि 1 जनवरी, 2000 को ही तीसरी सहस्राब्दी का प्रथम दिन माना जाए।

मगर रोम के इस आदेश में कोई सार नहीं है। यह आदेश वैज्ञानिक तथ्यों पर आधारित नहीं है। ईसाई धर्माचार्यों ने कैलेंडर को लेकर ऐसे मनमाने आदेश या फतवे पहले भी कई बार जारी किए

हैं। उन आदेशों ने समस्या को सुलझाने की बजाए भ्राँतियाँ फैलाने में ही अधिक योग दिया है। ईसाई संवत् के मौजूदा ग्रेगोरी कैलेंडर के इतिहास पर एक नजर डालें तो यह बात सहज स्पष्ट हो जाएगी।

दरअसल, जिसे आज हम 'ईसाई कैलेंडर' कहते हैं उसका मूलतः ईसाइयत से कोई सम्बन्ध नहीं है। इसका मूल रोमन कैलेंडर में है। आरम्भ में रोम में दस महीनोंवाला (304 दिनों का) कैलेंडर प्रचलित था। वर्ष ग्रीष्मारंभ से दक्षिण अयानंत (मकर संक्रांति) तक होता था। बाकी के 61 दिन, जाड़े में कोई काम न होने के कारण, छोड़ दिए जाते थे। आरम्भ में रोम के नगर-राज्य में यही कैलेंडर प्रचलित था। ईसा पूर्व 673 में इसमें दो महीने जोड़कर 12 महीनों (355 दिनों) का वर्ष बना दिया गया। इसमें हर दो साल बाद 22 या 23 दिनों का एक अधिमास जोड़कर 366 दिनों का वर्ष पूरा कर दिया जाता था। आगे जाकर रोमन शासन ने इस कैलेंडर में और भी कई सुधार किए। अन्तिम सुधार 46 ई. पू. में ज्यूलियस सीजर ने किया।

ज्यूलियस सीजर ने 48 ई. पू. में मिस्र पर विजय प्राप्त की और उसके बाद कुछ समय तक वह वहीं टिका रहा। खगोलशास्त्र में उसकी दिलचस्पी थी। अब अपने विस्तृत साम्राज्य में वह एक बेहतर कैलेंडर लागू करना चाहता था। इसके लिए उसने सिकंदरिया के मिस्री खगोलविद सोसिजेनेस (Sosigenes) का सहयोग प्राप्त किया। तब तक वर्षारम्भ काफी पिछड़ गया था। इसलिए वर्ष 46 ई.पू. में 67 अतिरिक्त दिन जोड़कर उसे 445 दिनों का बना दिया गया। अतः उस वर्ष का नाम ही पड़ गया भ्राँति का वर्ष (Year of confusion)!

सोसिजेनेस ने सुझाया कि वर्ष का माध्य मान 365.25 दिन

होना चाहिए। इसलिए 365 दिनों का सामान्य वर्ष मानकर और हर चौथे वर्ष एक अतिरिक्त दिन जोड़कर 366 दिनों का (लीप) वर्ष बनाने की व्यवस्था स्वीकार की गई। साथ ही, महीनों की मौजूदा व्यवस्था भी कायम हो गई। सीजर चाहता था कि नया वर्ष 25 दिसम्बर यानी दक्षिण अयनांत से शुरू हो, मगर 1 जनवरी 45 ई.पू. को अमावस्या (नए चाँद) का दिन था और कई लोगों का मत था कि उसी दिन से नववर्ष शुरू होना चाहिए। सीजर को उनकी बात माननी पड़ी!

चित्र-ज्यूलियस सीजर के सम्मुख नए कैलेंडर की योजना प्रस्तुत करते हुए सोसिजेनेस (46 ई.पू.)

यह 'ज्यूलियन कैलेंडर' सारे रोमन साम्राज्य में फैल गया और ईसाई धर्म अस्तित्व में आने के बाद भी प्रचलित रहा। सन् 325 ई. में आयोजित ईसाइयों की *नाइसिन कौंसिल* (Nicene Council) द्वारा स्वीकृत किए जाने के बाद ही यह ज्यूलियन कैलेंडर ईसाई देशों का

अधिकृत कैलेंडर बना।

ईसा मसीह के जन्म (Nativity) पर आधारित 'ईसाई कैलेंडर का निर्माण बिशप डायोनिसस एक्सिगस (Dionysius Exiguus) ने 525 ई. में किया। उन्होंने बाइबल की विभिन्न अनुश्रुतियों का सहारा लेकर और कई तरह से आगे-पीछे गणनाएँ करके अन्त में निश्चित किया कि ईसा का जन्म 25 दिसम्बर 1 ई. को जूडिया के राजा हेरोड के शासनकाल में हुआ था और उसी साल रोमन साम्राज्य में जनगणना हुई थी। उन्होंने यह भी निश्चित किया कि ईसा जब 30 साल के थे, तो रविवार, 25 मार्च 31 ई. को उनका 'पुनरुत्थान' (Resurrection) हुआ था। वह ईसाइयों का पहला ईस्टर दिन था।

लेकिन आज हम जानते हैं कि डायोनिसस द्वारा निर्धारित "तथ्यों" में ऐतिहासिक दृष्टि से कई खामियाँ थीं। अंकारा से प्राप्त एक रोमन अभिलेख से पता चलता है कि राजा हेरोड की मृत्यु ईसा के जन्म के चार साल पहले ही हो गई थी। इसका अर्थ यह हुआ कि ईसा का जन्म 4 ई.पू. में हुआ था। इसी तरह, रोमन साम्राज्य में जनगणना ईसा के जन्मवर्ष में नहीं, बल्कि उसके छह साल बाद हुई थी।

डायोनिसस द्वारा निर्धारित ईसा के जन्मदिन (25 दिसम्बर, 1 ई.) और प्रथम ईस्टर दिन (25 मार्च 31 ई.) को ईसाई चर्च ने स्वीकार कर लिया और फिर धीरे-धीरे ईसाई देशों में काल-गणना के इस नए आधार को मान्यता मिलती गई। ईसाई कैलेंडर अस्तित्व में आ गया।

यहाँ एक बात को स्पष्ट कर देना जरूरी है। तिथियों को स्पष्ट करने के लिए ही ऊपर मैंने ई. (A.D.) और ई.पू. (B.C.) का प्रयोग किया है। वर्ना, ईसाई धर्म के प्रारम्भ के पहले B.C. (Before Christ) के प्रचलन का प्रश्न ही नहीं उठता। A.D. (Anno Domini) के प्रयोग का सुझाव पहली बार डायोनिसस एक्सिगस ने ही दिया था, परन्तु

इसका कुछ अधिक प्रचलन 10वीं सदी के बाद ही हुआ। B.C. का प्रयोग उसके भी काफी बाद की बात है।

ज्यूलियन कैलेंडर का वर्ष 365.25 दिनों का था। यह वर्ष सायन वर्ष (365.2422 दिन) से 0.0078 दिन (11 मिनट 13.9 सेकंड) बड़ा था। इसलिए 128 वर्षों में यह कैलेंडर एक दिन आगे बढ़ जाता था। ज्यूलियन कैलेंडर में सुधार करना अत्यावश्यक हो गया था। अन्ततः यह सम्भव हुआ 4 अक्तूबर, 1582 ई. को, पोप ग्रेगोरी तेरहवें के प्रयास से। इसके लिए दो काम किए गए। ज्यूलियन कैलेंडर में लीप-वर्ष वह था जिसे चार से भाग दिया जा सकता था। नए कैलेंडर में यह नियम कायम रखा गया, परन्तु अपवाद जोड़ दिया गया कि वही शताब्दी-वर्ष (1600, 1700,...2000) लीप-वर्ष होंगे जिन्हें 400 से पूरा भाग दिया जा सकता है। इस तरह, वर्ष 2000 ई. लीप-वर्ष होगा।

चित्र-पाश्चात्य परम्परा का 'काल पुरुष' अथवा 'क्रोनोस' देवता, जिसे 31 दिसम्बर (वर्षान्त) के आसपास याद किया जाता था

जैसा कि पहले बताया गया है, ज्यूलियन कैलेंडर को ईसाई देशों में 325 ई. में अपनाया गया था। तब से 1582 ई. तक इस कैलेंडर में 10 अतिरिक्त दिन जमा हो गए थे। इसलिए 'धर्मादेश' जारी कर दिया गया कि 4 अक्तूबर (1582) के बाद 5 अक्तूबर का दिन नहीं, बल्कि सीधे 15 अक्तूबर का दिन आएगा। ग्यारह दिन गायब कर दिए गए!

इस तरह, उपर्युक्त दो नई व्यवस्थाओं के साथ जो कैलेंडर प्रचलित हुआ वह 'ग्रेगोरी कैलेंडर' कहलाया। सबसे पहले इस कैलेंडर को कैथोलिक देशों ने अपनाया। सन् 1700 के बाद इसे प्रोटेस्टेंट देशों में अपनाया गया। इसे जापान ने 1873 ई. में और चीन ने 1911 ई. में अपनाया। हमारे देश में इसका प्रचार-प्रसार अंग्रेजी शासन के जरिए हुआ। ग्रेगोरी वर्ष और सायन वर्ष में इतना कम अन्तर है कि 3280 वर्षों में केवल एक ही दिन का फरक पड़ेगा!

संक्षेप में, यही है आज सारी दुनिया में प्रचलित ईसाई या ग्रेगोरी कैलेंडर का इतिहास। इसमें 'शून्य (0) वर्ष' नहीं है। यह कैलेंडर 'वर्ष।' से शुरू होता है। बच्चे का प्रथम वर्ष उसके जन्मकाल (शून्यकाल) से शुरू होता है। ग्रेगोरी कैलेंडर में ऐसी व्यवस्था नहीं है। इस कैलेंडर में 1 जनवरी 0 ई. के लिए कोई स्थान नहीं है। इस कैलेंडर के अनुसार पहली शताब्दी 1 जनवरी, 1 ई. से 31 दिसम्बर, 100 ई. तक रही। इसी तरह, 20 शताब्दी की कालावधि होगी : 1 जनवरी, 1901 से 31 दिसम्बर, 2000 ई. तक। इक्कीसवीं सदी और तीसरी सहस्राब्दी की शुरुआत 1 जनवरी, 2001 से ही मानी जानी चाहिए। चीन व जापान जैसे एशियाई देश इसी व्यवस्था के पक्षधर हैं। प्रख्यात विज्ञान-लेखक आर्थर क्लार्क का भी यही मत है।

इतिहास के अध्ययन के लिए हमें अपने शक, विक्रम, कलि आदि परम्परागत संवतों की तिथियों को ईसवीं सन् की तिथियों में बदलना होता है। ईसाई कैलेंडर में हुए बार-बार के 'सुधारों' ने इसे पहले ही एक कष्टसाध्य प्रयास बना दिया है। अमेरिका के अन्धानुकरण में 'नए सुधार' को अपनाने का कोई औचित्य नहीं है।

बढ़ती जनसंख्या और भोजन की समस्या

आज से करीब साठ-सत्तर साल बाद की दुनिया। अर्थात् इक्कीसवीं सदी के मध्यकाल की दुनिया। कैसा होगा हमारे उत्तराधिकारियों का यह संसार? क्या हम इसे काफी हद तक जान सकते हैं, इसका पूर्वाभास प्राप्त कर सकते हैं?

कौन बताएगा हमें यह भविष्य? कौन बताएगा कि आज से करीब साठ-सत्तर साल बाद बढ़ती आबादी और खाद्य-सामग्री की क्या स्थिति होगी? ऊर्जा की क्या कठिनाइयाँ होंगी? ऊर्जा के कौन-से नए स्रोत उपलब्ध होंगे? किस प्रकार की नई मशीनें अस्तित्व में आएँगी? नगर-योजना, परिवहन और संचार-सम्बन्धों की क्या स्थिति होगी? कोयला, तेल तथा दूसरे कई खनिजों और धातुओं की न्यूनता के कारण किस तरह के संकट उत्पन्न होंगे? क्या तब तक धरती का मानव चन्द्रमा और मंगल तथा शुक्र-जैसे ग्रहों पर अथवा बहुत-सारे लघुग्रहों पर अपने स्थायी निवास के लिए व्यवस्था कर लेगा? उस समय की दुनिया के राजनीतिक और सामाजिक सम्बन्ध किस प्रकार के होंगे?

इस विषय से सम्बन्धित अब एक नया विज्ञान ही अस्तित्व में आ गया है। अनेक पाश्चात्य देशों में इसे **फ्यूचरोलाजी** यानी 'भविष्य-विज्ञान' के नाम से जाना जाता है। इसकी नींव पड़ी दूसरे महायुद्ध के दौरान। पूँजीवादी देशों की बड़ी-बड़ी उद्योग-व्यवसायी

कम्पनियों के लिए यह जानना जरूरी हो गया कि उनके द्वारा पैदा किए जानेवाले माल का निकट भविष्य में किस प्रकार विक्रय होगा। इस प्रकार मानव-व्यापार के विधि क्षेत्रों का भविष्य आँकने का काम शुरू हुआ। कई सारे चोटी के विशेषज्ञ इस कार्य में जुट गए। चूँकि उद्योगपतियों को इससे लाभ था, इसलिए 'भविष्य-कथन' के संस्थान खड़े करने के लिए उन्होंने दिल खोलकर पैसा दिया। फलतः आज अमेरिका में और यूरोप के कई देशों में 'भविष्य-विज्ञान' के अनेक संस्थान देखने को मिलते हैं। इन संस्थानों से सम्बन्धित कुछ वैज्ञानिक तहलका मचा देनेवाली भविष्यवाणियाँ करके खूब नाम कमा रहे हैं, साथ-ही-साथ काफी आतंक भी फैला रहे हैं। पर आज के सभी देशों की स्थिति भी एक-जैसी नहीं है। इसलिए जो बात अमेरिका के भविष्य के बारे में कही जाती है, वह भारत के लिए सही नहीं हो सकती।

'भविष्य-विज्ञान' शब्द उपयुक्त नहीं है, क्योंकि इसमें भविष्य-कथन से सम्बन्धित परम्परागत ठग विद्याओं की गंध आती है। समुचित शब्द होगा भविष्य का 'पूर्वानुमान' या 'पूर्वाभास'। इससे अधिक सम्भव भी नहीं है। भविष्य के पूर्वाभास के लिए अनेक वैज्ञानिकों ने अनेक वैज्ञानिक व गणितीय तरीके निर्धारित किए हैं, जो सभी अधिक-से-अधिक संख्या में एकत्र किए गए मौजूदा तथ्यों के विश्लेषण पर आधारित हैं। हमें यहाँ साठ-सत्तर साल बाद की दुनिया का एक खाका प्रस्तुत करना है, और इसमें हमें अपने देश की परिस्थितियों का विशेष रूप से ख्याल रखना है। सबसे पहले हम बढ़ती जनसंख्या और खाद्य-सामग्री की समस्या पर विचार करेंगे।

ईसा की आरम्भिक सदी में दुनिया की करीब 23 करोड़ आबादी थी। उसे दुगुने पर यानी करीब 45 करोड़ पर पहुँचने के

लिए डेढ़ साल लगे। लेकिन आगे के केवल 320 वर्षों में दुनिया की आबादी दुगुने से भी अधिक बढ़कर 1 अरब पर पहुँच गई। इसके आगे केवल 109 वर्षों में, यानी 1929 में, दुनिया की आबादी 2 अरब हो गई। आगे फिर केवल 31 वर्षों में, यानी 1960 में, दुनिया की आबादी 3 अरब हो गई। और, आगे के केवल 16 वर्षों में, यानी 1976 तक, दुनिया की आबादी 4 अरब पर पहुँच गई। अगले करीब 25 वर्षों में यानी 2011 ई. के आसपास यह लगभग 7 अरब पर पहुँच जाएगी।

ऊपर के आंकड़ों से यह स्पष्ट हो जाता है कि आज जनसंख्या इतनी तेजी से बढ़ रही है कि यह करीब 25 साल में डेढ़ गुना हो जाती है। यदि हम मान लें कि जनसंख्या वृद्धि की रफ्तार इतनी ही कायम रहती है, तो साफ नजर आता है कि 2050 ई. तक दुनिया की आबादी 15 अरब हो जाएगी। और, इक्कीसवीं सदी के अन्त तक 35 और 40 अरब के बीच हो जाएगी। संयुक्त राष्ट्रसंघ द्वारा प्रस्तुत पूर्वानुमान यही है। आज भारत की आबादी लगभग 1.15 अरब करोड़ है। इक्कीसवीं सदी के मध्यकाल तक यह डेढ़ अरब हो जाएगी।

स्पष्ट है कि 1800 ई. के बाद संसार की जनसंख्या में तेजी से वृद्धि हुई है, तो इसका मुख्य कारण है मृत्यु-दर में कटौती। परिणामतः वार्षिक जनसंख्या-वृद्धि का प्रतिशत निरन्तर बढ़ता गया है। वर्तमान सदी के पहले दशक में भारत की आबादी प्रति वर्ष करीब आधा प्रतिशत के हिसाब से बढ़ रही थी। आज यह प्रति वर्ष करीब सवा दो प्रतिशत के हिसाब से बढ़ रही है।

क्या जनसंख्या वृद्धि की यह रफ्तार आगे बढ़ती जाएगी? कुछ वैज्ञानिक हैं जो सोचते हैं कि दुनिया की आबादी निरन्तर बढ़ती जाएगी और बहुत जल्दी एक विस्फोटक स्थिति पर पहुँच जाएगी।

दूसरी प्रमुख समस्या है आवास की। यदि जनसंख्या सचमुच ही निरन्तर बढ़ती जाएगी, तो इतनी बड़ी आबादी को धरती पर समाना कैसे सम्भव होगा? आज के महानगरों का जो हाल है, उसका हमें कुछ अनुभव है। यह भी स्पष्ट है कि, वर्तमान प्रवृत्ति जारी रही, तो दुनिया के महानगरों का ही सर्वाधिक विस्तार होगा। इक्कीसवीं सदी के अन्तकाल में दिल्ली, कलकत्ता, बम्बई-जैसे महानगरों की आबादी कम-से-कम दस गुना बढ़ जाएगी, तो आवास, परिवहन, संचार-सम्बध आदि की परिस्थितियाँ कितनी विकट हो जाएँगी, इसकी कुछ कल्पना की ही जा सकती। कुछ वैज्ञानिक जनसंख्या की मौजूदा बढ़ती रफ्तार को देखते हुए भविष्य का एक घोर निराशावादी चित्र पेश करते हैं। उदारहण के लिए, फ्रेड॰ होयल-जैसे प्रख्यात खगोलविद् का मत है कि एक हजार साल बाद दुनिया की आबादी इतनी अधिक बढ़ जाएगी कि प्रत्येक मनुष्य के लिए इस धरती पर केवल एक वर्ग मीटर जगह रह जाएगी।

परन्तु सभी वैज्ञानिक इस प्रकार निराशावादी नहीं हैं। उनका मत है कि वर्तमान सदी में आबादी की वृद्धि का जो दौर है वह एक असाधारण दौर है, कि आगे जाकर इस वृद्धि में स्थिरता आ जाएगी। अमेरिका के हड्सन संस्थान से सम्बन्धित एक प्रख्यात भविष्यवक्ता **हरमान काहन** पहले मानव-जाति के बारे में एक निराशावादी दृष्टिकोण रखते थे, पर अब वे आशावादी बन गए हैं। काहन का मत है कि आज हम जिस प्रकार की जनसंख्या-वृद्धि देख रहे हैं वह इसकी चरम-सीमा है। आगे के कुछ वर्षों में जनसंख्या वृद्धि रुक जाएगी। वह समझते हैं कि आज की वृद्धि को भविष्य पर आरोपित करना ठीक नहीं है। यह आरोपण उसी तरह का होगा, यदि हम मान लें कि 14 साल की उम्र तक बच्चे की ऊँचाई बढ़ती है, तो आगे उसके जीवित रहने तक यह बढ़ती जाएगी, पर ऐसा नहीं होता।

दूसरे अनेक वैज्ञानिकों का भी यही मत है। नोबेल-पुरस्कार विजेता **जार्ज थामसन** ने एक ग्रन्थ में निकट भविष्य की दुनिया का एक चित्र प्रस्तुत किया है। थामसन का मत है कि सांस्कृतिक एवं आर्थिक विकास के साथ और जन्म-निरोधक उपायों के बढ़ते इस्तेमाल के साथ आदमी की औसत आयु बढ़ जाएगी, जन्म-दर घट जाएगी और दुनिया की आबादी की बढ़ती रफ्तार रुक जाएगी।

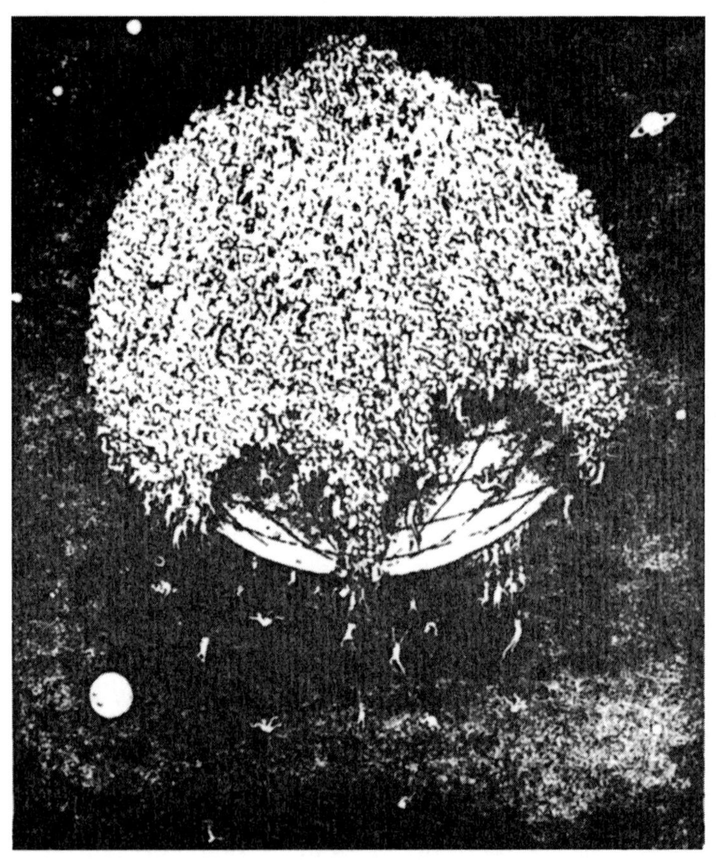

बढ़ती आबादी का महासंकट : एक कल्पना-चित्र

फिर भी, धरती की बढ़ती आबादी के लिए 'निवास-स्थल' एक अत्यन्त कठिन समस्या बनती जाएगी, इसे प्रायः सभी वैज्ञानिक स्वीकार करते हैं। यह समस्या किस प्रकार सुलझाई जाएगी, इसके बारे में तरह-तरह की कल्पनाएँ प्रस्तुत की गई हैं। **आइजक एसिमोव** का मत है कि सौर-मंडल के पिंडों पर निवास की परिस्थितियाँ पैदा करके धरती की बढ़ती आबादी की समस्या को सुलझाया जाना चाहिए। उनका कहना है कि सबसे पहले हमें मंगल और वृहस्पति के बीच के हजारों लघुग्रहों पर उपनिवेश स्थापित करने की कोशिश करनी चाहिए।

अमेरिकी वैज्ञानिक **जोन फिशर** सोचते हैं कि इक्कीसवीं सदी के पूर्वार्द्ध में सौर-मंडल के ग्रहों एवं लघुग्रहों पर उपनिवेश स्थापित करने का कार्य शुरू हो जाएगा। वह कल्पना करते हैं कि बाईसवीं सदी में करीब एक हजार लघुग्रह धरती के मानव से आबाद हो जाएँगे, और कुछ सदियों के बाद इनमें से प्रत्येक 'नगर-राज्य' की आबादी आज के हमारे एक सामान्य आबादी वाले देश के बराबर हो जाएगी।

अमेरिका के प्रख्यात भौतिकविद् **फ्रीमैन जोन डाइसन** ने 1960 में इस दिशा में एक बहुत ही साहसी कल्पना प्रस्तुत की हैं। डाइसन का मत है कि आगे के करीब ढाई-तीन हजार वर्षों में सूर्य से करीब 15 करोड़ किलोमीटर अर्द्धव्यास की चतुर्दिक दूरी पर एक विशाल ठोस गोल बनाना सम्भव होगा। इसके लिए वृहस्पति-जैसे विशाल ग्रह से द्रव्यराशि प्राप्त की जाएगी। डाइसन का विश्वास है कि इस अतिविशाल गोले की भीतरी सतह पर कृत्रिम जैव-वातावरण तैयार करना सम्भव होगा। सूर्य से पर्याप्त ऊर्जा प्राप्त होगी। इस प्रकार, आज की दुनिया की आबादी से भी एक लाख गुना अधिक आबादी के लिए पर्याप्त स्थान और ऊर्जा उपलब्ध हो जाएगी।

परन्तु यह काफी दूर की बात हुई। और, कुछ वैज्ञानिक डाइसन की इस योजना को सम्भव भी नहीं मानते। समस्या निकट भविष्य की है। आज ही दुनिया की आबादी में प्रतिदिन एक लाख की वृद्धि हो रही है। इसलिए **आर्थर क्लार्क**–जैसे वैज्ञानिक-लेखकों का मत है कि सुदूर भविष्य में ग्रहों को आबाद करने की आशा में हमें चुपचाप बैठे नहीं रहना चाहिए। उनका मत है कि जनसंख्या का यह संकट हमें इसी धरती पर सुलझाना होगा।

लेकिन किस प्रकार? क्या गर्भ-निरोधक उपाय ही इसका एकमात्र हल है? पाश्चात्य देशों के अनेक वैज्ञानिक सुझाव देते हैं कि गर्भ-निरोधक उपायों को सख्ती से लागू किया जाना चाहिए, विशेषतः अविकसित और विकासशील देशों में। वे सामाजिक-आर्थिक परिस्थितियों में बदलाव लाने की कोई बात नहीं करते।

हम जानते हैं कि आज दुनिया की काफी बड़ी आबादी, 50 करोड़ से भी अधिक लोग भूखमरी की स्थिति से गुजर रहे हैं। पर हम यह भी जानते हैं कि इसका कारण सामाजिक और राजनीतिक है।

आज समूची धरती की केवल दस प्रतिशत जमीन में खेती की जाती है। इसमें भी केवल भोजन-सामग्री पैदा करनेवाली जमीन सात प्रतिशत से अधिक नहीं है। अनेक वैज्ञानिकों का मत है कि दुनिया की वर्तमान आबादी के लिए आवश्यक अनाज उपलब्ध करने के लिए केवल 3 प्रतिशत जमीन की उपज पर्याप्त है, बशर्ते कि खेती के आधुनिक वैज्ञानिक तरीकों का इस्तेमाल किया जाए।

सभी वैज्ञानिक स्वीकार करते हैं कि तीन ऐसी चीजें हैं, जिनसे खेती की उपज को कई गुना बढ़ाया जा सकता है : यांत्रिकीकरण, रासायनीकरण और जीव-विज्ञान। पहले यांत्रिकीकरण को लीजिए। अभी वर्तमान सदी के प्रथम चरण तक जिन औजारों का इस्तेमाल

होता था, वे हजारों वर्षों से प्रयुक्त होते आ रहे थे। आज भी हमारे देश में ऐसे अनेक कृषि-उपकरणों का इस्तेमाल होता है जिनका आविष्कार कृषियुग के आरम्भकाल में हुआ था। परन्तु विकसित देशों में अब सैकड़ों किस्म के नए कृषियंत्रों का इस्तेमाल होता है। परिणामतः उपज कई गुना बढ़ी है। निकट भविष्य में जब अधिक यंत्रों का अधिक इस्तेमाल होगा, तब निश्चय ही पैदावार अधिक होगी।

कृषि का रासायनीकरण : इसका अर्थ है कृत्रिम खादों और रसायनों का उत्पादन। फसलों के रोगों को खत्म करने के लिए ये खाद अत्यन्त आवश्यक हैं। संयुक्त राष्ट्रसंघ द्वारा एकत्र किए गए आकंड़ों के अनुसार कीड़े-मकोड़े और चूहे आदि प्रतिवर्ष लगभग नौ करोड़ टन अनाज नष्ट कर देते हैं। इतना अनाज आज के भुखमरी के शिकार 50 करोड़ लोगों के लिए पर्याप्त है। इसमें यदि हानिकारक घासों को भी शामिल किया जाए, तो कुल मिलाकर प्रतिवर्ष लगभग 30 प्रतिशत अनाज फिजूल ही नष्ट हो जाता है। रसायनों के प्रयोग से इस क्षति को दूर किया जा सकता है। परन्तु कीट-नाशक रसायनों का इस्तेमाल हमें सावधानी से ही करना होगा, ताकि इससे प्रकृति का जैविक सन्तुलन बिगड़ न जाए।

अब कृषि-उपज में जीव-विज्ञान के सहयोग पर विचार कीजिए। अनाजों और दूसरी फसलों को बदला जा सकता है। गेहूँ, या चावल के दानों को बढ़ाया जा सकता है। तिलहनों में तेल की मात्रा या गन्ने में शर्करा की मात्रा बढ़ाई जा सकती है। आरम्भ में गेहूँ का पौधा एक जंगली घास थी। जंगली घासों की ऐसी अनेक किस्में हैं जो हमें भविष्य में नए किस्म के अनाज पैदा करने में सहायता दे सकती हैं। बीज-संकरण से निश्चय ही नए किस्म के अनाज पैदा किए जा सकते हैं, पैदावार कई गुना बढ़ाई जा सकती है।

लेकिन भविष्य का मानव अपनी भोजन-सामग्री के लिए केवल कृषि उपज पर निर्भर नहीं रहेगा। कृषि का स्थान रसायन ले लेगा। सोवियत अकादमीशियन श्चेरबाकोध्व का मत है कि, वर्तमान सदी के अन्त तक संश्लेषित प्रोटीनों को औद्योगिक स्तर पर पैदा करने की समस्या सुलझ जाएगी। तब भोजन के रूप में ऐसा पर्याप्त संश्लेषित खाद्य प्राप्त होगा जिसे कृत्रिम रूप से तैयार किए गए पदार्थों से स्वादिष्ट बनाया गया हो। इस प्रकार कृषि-भूमि के विस्तार में काफी कटौती हो जाएगी, और काफी हद तक कृषि-फार्मों का स्थान भोजन-फैक्टरियाँ ले लेंगी।

मानव-शरीर को विभिन्न जैव-पदार्थों की जरूरत होती है। शर्करा और चरबी-जैसे पदार्थों का सेवन ऊर्जा पैदा करने के लिए होता है, और प्रोटीनों-जैसे पदार्थ पहले एमिनोएसिडों में विखंडित होते हैं और बाद में मानव-शरीर के प्रोटीनों में संयोजित होते हैं। ये सभी पदार्थ पौधों और पशुओं द्वारा संश्लेषित किए जाते हैं। परन्तु इन सब का सृजन शुरू होता है प्रकाश-संश्लेषण के आरम्भिक दौर में, जो पेड़-पौधों के हरे पत्तों और शैवालों में घटित होता है। प्रकाश-संश्लेषण के दौरान, सूर्य-प्रकाश के अन्तर्गत, पानी व कार्बन-डाइआक्साइड कार्बोहाइड्रेटों में बदल जाते हैं, और हमें आवश्यक ऑक्सीजन प्राप्त होता है। प्रकाश-संश्लेषण की यह उपज धरती के समस्त जीव-जगत के लिए भोजन सामग्री प्रदान करती है, इसके विकास के लिए पदार्थ जुटाती है। यही सामग्री हम अपने लिए कृषि-उपज से प्राप्त करते हैं, पशु-जगत से प्राप्त करते हैं।

पर यही सामग्री सीधे प्रकाश-संश्लेषण के स्तर से भी प्राप्त की जा सकती है। यह सरल कार्य नहीं है। इसके लिए हमें कृत्रिम प्रकाश-संश्लेषण की समस्या को सुलझाना होगा, प्रोटीनों, चर्बियों व कार्बोहाइड्रेटों से एक संश्लेषित जैवराशि को तैयार करने की समस्या

को सुलझाना होगा। फिर इस संश्लेषित जैवराशि को मानव के लिए पोषणयुक्त बनाना होगा। मानव भोजन की अपनी रुचियों के मामले में बड़ा रूढ़िवादी है, इसलिए इस संश्लेषित भोजन-सामग्री को रुचिकर भी बनाना होगा। संश्लेषित भोजन की गोलियाँ खाकर आदमी की भूख नहीं मिट सकती। जब तक इस भोजन को स्वादु नहीं बनाया जाएगा तब तक मनुष्य-शरीर इसके पाचन के लिए आवश्यक पदार्थ पैदा नहीं कर पाएगा।

इस प्रकार की भोजनयुक्त संश्लेषित जैवराशि के निर्माण के प्रयत्न निरन्तर जारी हैं, और इसमें सफलताएँ भी मिल रही हैं। कुछ ऐसे एककोशीय जीव हैं जिनसे जैवराशि तैयार की जा सकती है। इस जैवराशि को उपयुक्त भोजन-सामग्री में बदलने में कोई विशेष दिक्कत नहीं है।

इस प्रकार, जब जैव-संश्लेषण और प्रकाश-संश्लेषण औद्योगिक स्तर पर सम्भव हो जाएगा, तब भोजन-सामग्री की हमारी समस्या भी सुदूर भविष्य तक के लिए सुलझ जाएगी। तब हम केवल कृषि-उपज पर आश्रित नहीं रहेंगे। हम कल्पना कर सकते हैं कि आगे की कुछ ही सदियों बाद धरती के कृषि-क्षेत्र बगीचों और उपवनों में बदल जाएँगे। कृषिकर्म लाभदायक नहीं रह जाएगा। भोजन-सामग्री फैक्टरियों में पैदा होगी जो कि हमारे जीवन के लिए हानिप्रद होंगी।

भविष्य के महानगर तथा परिवहन के साधन

आज भारत का सबसे बड़ा नगर कलकत्ता है। परन्तु अभी दो सौ साल पहले यहाँ सिर्फ दलदल था। तीन सौ साल पहले बम्बई के स्थान पर मछुओं की कुछ झोपड़ियाँ रही होंगी। दिल्ली का अस्तित्व हालाँकि महाभारत-काल से है, पर यहाँ की जनसंख्या में सर्वाधिक वृद्धि पहले 1911 के बाद और फिर 1947 के बाद ही हुई। 1881 ई. में दिल्ली की आबादी 173,000 थी, आज सिर्फ इसकी एक पुनर्वास कालोनी कल्याणपुरी-त्रिलोकपुरी की आबादी इससे काफी अधिक है।

आज सारी दुनिया की आबादी करीब पाँच अरब है। आगे के 30-35 वर्षों में यह दुगुनी हो जाएगी। तो क्या दुनिया के महानगरों की आबादी भी तब तक केवल दुगुनी ही होगी? नहीं, नगरों की आबादी में कहीं अधिक तेजी से वृद्धि होती है। संयुक्त राष्ट्रसंघ के आँकड़ों के अनुसार, आज दुनिया की करीब 18 प्रतिशत आबादी नगरों में है और 2000ई. तक करीब 80 प्रतिशत आबादी महानगरों में देखने को मिलेगी।

निश्चय ही नागरकरण एक जटिल समस्या बनती जा रही है, खास तौर से विकसित देशों के लिए। अमेरिका की आज की करीब 25 करोड़ आबादी में से 15 करोड़ लोग शहरों में रहते हैं। 2000 ई. तक अमेरिका की आबादी 35 करोड़ होगी और इनमें से 28 करोड़

लोग नगर-निवासी होंगे। हरमान काहन और एन्थोनी वाइनेर की भविष्यवाणी है कि नागरकरण का कोई हल यदि नहीं खोजा गया, तो 2000 ई. तक अमेरिका में 'बोस्वाश' जैसे 8 करोड़ आबादी वाले विशाल महानगर अस्तित्व में आ जाएँगे। 'बोस्वाश' का अर्थ है बोस्टन और वाशिंगटन के मेल से बना महानगर।

भारत आज भी गाँवों का देश है। पर शहरी आबादी भी तेजी से बढ़ती जा रही है। क्या 2000 ई. तक दिल्ली मथुरा से नहीं जुड़ जाएगी? यदि कोई सन्देह हो तो दिल्ली से मथुरा तक की बसयात्रा करके आज की स्थिति का ही अवलोकन कर लीजिए। क्या गाजियाबाद दिल्ली का हिस्सा नहीं बन जाएगा।

सोवियत संघ के विशेषज्ञ नागरकरण की समस्या के प्रति विशेष रूप से जागरूक हैं। मास्को नगर का ही उदारहरण लीजिए। सोवियत विशेषज्ञों का दावा है कि वे मास्को नगर की आबादी को बहुत बढ़ने नहीं देंगे। मास्को के लिए 2020 ई. तक की नगर-योजना काफी पहले बन चुकी थी और इसे कार्यान्वित किया जा रहा है। अब 2020-2070 की कालावधि के लिए नगर-योजना तैयार की जा रही है।

नगरों के विस्तार के साथ बहुत-सारी समस्याएँ जुड़ी हुई हैं–आवास की, बिजली की, ईंधन की, पानी की, सफाई, प्रदूषण की, परिवहन की। यहाँ हम मुख्य रूप से केवल आवास और परिवहन की समस्याओं पर ही विचार करेंगे। आज कलकत्ता में 'पाताल रेलवे' का निर्माण हो रहा है। परन्तु परिवहन के इस एक आधुनिक साधन के साथ-साथ वहाँ एक काफी पुराना और शर्मनाक साधन भी देखने को मिलता है–नंगे पैर आदमियों द्वारा खींचे जानेवाले रिक्शे। दिल्ली की बसों में जितने आदमी सीटों पर बैठे होते हैं, उससे कहीं अधिक आदमी खड़े और लटके हुए दिखाई देते हैं। आगे कुछ दशकों के बाद क्या दशा होगी? यह एक विचारणीय प्रश्न है।

पाषाण-युग में परिवहन का एकमात्र साधन था, आदमी की अपनी टाँगें, जिनसे वह एक घंटे में करीब पाँच किलोमीटर दूरी तय कर सकता है। घोड़ों का इस्तेमाल पिछले चार हजार वर्षों से होता आ रहा है। घोड़ा एक घंटे में करीब 40 किलोमीटर तक दौड़ सकता है। पिछली सदी के पूर्वार्द्ध तक घोड़ा ही परिवहन का प्रमुख साधन था। पालों की नावों का इस्तेमाल कई हजार वर्षों से होता चला आ रहा है, पर भाप-इंजन से चलनेवाले जहाज पिछली सदी में अस्तित्व में आए। 1830 में निर्मित स्टिवेन्सन का लोकोमोटिव एक घंटे में करीब 18 किलोमीटर दूरी तय कर सकता था। आज ऐसी रेलें अस्तित्व में आ चुकी हैं जो एक घंटे में 250 किलोमीटर से ज्यादा दूरी तय करती हैं।

हवाई-जहाजों को बनाना 1903 से सम्भव हुआ। इन आरम्भिक हवाई-जहाजों का वेग 50 किलोमीटर प्रति घंटे से अधिक नहीं था। आज ऐसे जेट विमान अस्तित्व में आ चुके हैं जो ध्वनि के वेग के दुगुने वेग से आकाश-यात्रा करते हैं। पहली मोटर-गाड़ी 1885 में बनी। 1900 में दुनिया भर में 6200 मोटर-गाड़ियाँ थीं। आज इनकी संख्या लगभग 4 करोड़ है। पूर्वानुमान है कि इक्कीसवीं सदी में दुनिया में मोटर-गाड़ियों की संख्या 60 करोड़ पर पहुँच जाएगी।

हमारे देखते-देखते परिवहन का एक और शक्तिशाली साधन अस्तित्व में आया है। यह है अन्तरिक्ष-यान। अन्तरिक्ष-यान करीब डेढ़ घंटे में पृथ्वी का एक चक्कर लगा लेता है। यह करीब सात महीनों में मंगल पर पहुँच जाता है।

इस प्रकार हम देखते हैं कि परिवहन के तीव्रगामी साधन वर्तमान सदी में ही अस्तित्व में आए हैं। इन सब साधनों में सुधार की गुंजाइश है और इस दिशा में प्रयास जारी हैं। आगे के कुछ दशकों में नए किस्म के परिवहन-साधन खोजे जाने की काफी सम्भावना है।

सर्वप्रथम महानगरों का जायजा लें। अगली सदी के मध्यकाल तक इन महानगरों का क्या स्वरूप होगा? ताजा समाचार है कि दिल्ली के एक लाख सत्तर हजार परिवारों ने आवास के लिए दिल्ली विकास प्राधिकरण के पास नाम लिखवाए हैं, कुछ रुपए भी जमा किए हैं। क्या 2200 ई. तक इन सबको आवास मिल पाएँगे? और कम-से-कम बीस लाख जो नए लोग इस बीच आवास की माँग करेंगे, उनका क्या होगा? महानगरों का विस्तार किस तरफ अधिक होगा—क्षैतिज, ऊपर की ओर या नीचे की ओर?

महानगरों के क्षैतिज या रैखिक विस्तार का अर्थ है अधिकाधिक कृषि-भूमि का लोप। उदारहण के लिए आज बड़ी तेजी से दिल्ली का क्षैतिज विकास हो रहा है। इस प्रकार के विस्तार से दिल्ली राज्य की काफी कृषि-भूमि लुप्त हो चुकी है। 2200 ई. तक समूचा दिल्ली राज्य एक महानगर बन जाएगा। बम्बई और कलकत्ता की समस्याएँ कुछ भिन्न प्रकार की हैं। बम्बई का विस्तार एक तरफ कल्याण से आगे बढ़कर इगतपुरी तक हो गया है, तो दूसरी तरफ समुद्र की ओर भी हो रहा है। जहाँ अभी कुछ साल पहले समुद्र की लहरें पहुँचती थीं, वहाँ अब गगनचुम्बी अट्टालिकाएँ हैं।

अमेरिका, जापान और पश्चिम यूरोप के औद्योगिक महानगरों की दशा भी बड़ी दयनीय है। इन देशों के अनेक वास्तुविद् सैकड़ों मंजिलों की इमारतें खड़ी करके महानगरों की समस्याओं को सुलझाने की योजनाएँ प्रस्तुत करते हैं। उदारहण के लिए, प्रसिद्ध अमेरिकी वास्तुविद् **फ्रैंक लायड राइट** का मत है कि 500 मंजिलों की 1600 मीटर ऊँची इमारतें खड़ी करके महानगरों की बढ़ती आबादी की समस्या सुलझाया जाना चाहिए। अंग्रेज इंजीनियर **फ्रिशमैन** ने 850 मंजिलों की ऐसी इमारतें बनाने का सुझाव दिया है जिनमें से प्रत्येक में करीब एक लाख लोगों को बसाया जा सकता है। जहाँ तक ऐसी

उत्तुंग इमारतों के निर्माण का सवाल है, भविष्य में खोजे जानेवाले तकनीकी साधनों से इसका हल खोजना कठिन नहीं है।

अनेक वास्तुविदों ने पूर्णतः आत्मनिर्भर बड़ी-बड़ी इकाइयोंवाले महानगरों की योजनाएँ प्रस्तुत की हैं। कीप के आकार की या पिरामिड के आकार की इन विशाल इकाइयों में सभी सुविधाएँ–आवास, काम, परिवहन, मनोरंजन, जल, भोजन आदि–उपलब्ध होंगी। सैकड़ों मीटर ऊँची इन इकाइयों में हजारों परिवारों के लिए आवास होंगे, काम-काज और जीवनोपयोगी जरूरतों की व्यवस्था भी इन्हीं के भीतर होगी। ऐसी बड़ी इकाइयाँ जमीन पर खड़ी की जा सकती हैं, पानी पर तैराई जा सकती हैं, मोटे-मोटे खम्भों पर लटकाई जा सकती हैं।

कुछ वास्तुविदों ने रैखिक विस्तारवाले महानगरों की योजनाएँ प्रस्तुत की हैं। इन योजनाओं के अनुसार रेलमार्गों और राजपथों के समान्तर फैक्टरियाँ होंगी, तकनीकी शिक्षा के संस्थान होंगे। इनके समान्तर काफी चौड़े हरे क्षेत्र, उद्यान आदि होंगे, जो बीच-बीच में यात्रापथों से कटे होंगे। इन उद्यानों के आगे इनके समान्तर विभिन्न प्रकार के आवास-भवन होंगे। इनके समान्तर ही दुकानों, सिनेमाघरों आदि जन-सुविधाओं की व्यवस्था होगी। इनके बाद हरे-भरे क्षेत्रों में स्कूल, बालवाटिकाएँ, शिक्षा-संस्थान, खेल-मैदान, आदि होंगे। इन्हीं के बीच में रैखिक विस्तारवाली कोई झील, नदी या नहर भी हो सकती है। शिक्षा-संस्थाओं के आगे के विस्तार में फलबाग, कृषि-फार्म, उपवन आदि हो सकते हैं। स्पष्ट है कि ऐसे नगर का विस्तार सैकड़ों किलोमीटर तक हो सकता है।

लेकिन शहरी आबादी के लिए समस्या केवल आवास की ही नहीं है। ईंधन की समस्या है, जीवनोपयोगी वस्तुओं की समस्या है, सबसे बढ़कर पानी और परिवहन की समस्या है। ऊर्जा के नए साधन

उपलब्ध होंगे तो ऊर्जा की समस्या सुलझ जाएगी। ऊर्जा की समस्या यदि सौर ऊर्जा अथवा तापनाभिकीय ऊर्जा द्वारा हल की जाती है, तो प्रदूषण की समस्या भी हल हो जाएगी। दुनिया के सभी महानगरों के लिए पानी की समस्या एक विकट रूप धारण करती जा रही है। अनेक वैज्ञानिक सोचते हैं कि भविष्य में मौसम को काबू में करके इस समस्या को सुलझाया जाएगा। भविष्य में बादलों को किसी भी निर्धारित स्थान पर बरसाना सम्भव होगा। इस प्रकार पानी के लिए आकाशपथ अस्तित्व में आ जाएँगे।

जब महानगरों पर विचार किया जाता है तो परिवहन की समस्या पर सबसे अधिक बल दिया जाता है। यह स्वाभाविक भी है। बम्बई में दूर-दूर से काम करने के लिए आनेवाले कुछ लोगों का हाल यह है कि वे सप्ताह के छह दिन अपने बच्चों से बात तक नहीं कर पाते। हजारों की संख्या में लोग करीब 50 किलोमीटर की दूरी से काम करने रोज बम्बई पहुँचते हैं–जब सुबह तड़के घर से निकलते हैं, तब बच्चे सोए होते हैं। रात को देर से घर लौटते हैं, तो बच्चे सोए होते हैं। अतः महानगरों के सन्दर्भ में आज समस्या परिवहन के साधनों की उतनी नहीं है, जितनी कि आवास से काम के स्थल तक पहुँचने में लगनेवाले समय की।

इस समस्या को ध्यान में रख कर आवास और कार्यस्थल को जोड़नेवाली आत्मनिर्भर इकाइयों वाले नगरों की नई योजनाएँ अनेक वास्तुविदों ने प्रस्तुत की हैं। जहाँ तक परिवहन के साधनों का सवाल है, वर्तमान साधनों में सुधार होगा, नए साधन भी अस्तित्व में आएँगे। शहरी यातायात के लिए हवाईबसें, मोनो-रेलें, गतिमान-पथ, पाताल मेट्रो रेलें आदि साधन निश्चय ही अस्तित्व में आ जाएँगे। दुनिया के कई नगरों में ये साधन अस्तित्व में आ चुके हैं। जैसे दिल्ली, कोलकत्ता, मुम्बई।

भविष्य के नगरों का एक नमूना

सार्वदेशिक परिवहन के लिए भी नए साधन अस्तित्व में आएँगे। हमारे देखते-देखते रेलों के लिए डीजल और बिजली से चलनेवाले इंजन अस्तित्व में आए। जहाजों में भी शक्तिशाली डीजल इंजनों का इस्तेमाल होता है। लेकिन अब परमाणु शक्ति से चलनेवाले जहाज भी बने हैं। सोवियत संघ, अमेरिका, जापान व पश्चिम जर्मनी ने ऐसे कुछ जहाज बनाए हैं। परमाणु ऊर्जा से चलनेवाली कुछ पनडुब्बियाँ भी बनी हैं। C. N. G. बसें चल रही हैं आगे बैटरी से गाड़ियाँ चलेंगी।

आज सड़क परिवहन का प्रमुख साधन हैं मोटरें और बसें। इनको लेकर प्रदूषण की समस्या दिनोंदिन गम्भीर रूप धारण करती जा रही है। चीज और विएतनाम-जैसे देशों ने साइकिलों के इस्तेमाल पर बल देकर अपनी समस्या सुलझाई है। परन्तु विकसित पाश्चात्य देशों के लिए कारें अब जटिल समस्या बनती जा रही हैं। नए इंजन विकसित किए जा रहे हैं। बिजली से चलनेवाली कुछ कारें भी बनी

हैं। पर अभी ये काफी खर्चीली हैं। अनेक वैज्ञानिकों का मत है कि भविष्य में कारों का युग लगभग समाप्त हो जाएगा—परिवहन के साधनों के इतिहास में बीसवीं सदी को मोटर-गाड़ियों का युग माना जाएगा।

हमारे समय में जेट इंजन और राकेट-यान भी अस्तित्व में आ चुके हैं। जेट इंजनों ने महाद्वीपीय यात्राओं की अवधि को घटा दिया है। हम मान कर चलते हैं कि आगे और भी तीव्रगामी जेट-यान बनाए जाएँगे, लेकिन गति को बढ़ाने से कोई विशेष लाभ नहीं होगा। मान लीजिए कोई जेट-यान एक घंटे में आपको लन्दन पहुँचा देता है, पर अपने घर से निकलने के बाद यान में चढ़ने तक दो घंटों का समय लग जाए, तो उस एक घंटे की यात्रा का क्या लाभ?

क्या टेलीफोन की व्यवस्था ने परिवहन के विस्तार को घटाया नहीं है? बिना यात्रा किए केवल टेलीफोन का इस्तेमाल करने से हमारे बहुत-से काम हो जाते हैं। भविष्य में टेलीविजन इसमें सहयोग देगा। बातचीत करते समय एक छोटे पर्दे पर एक-दूसरे की शक्ल देखना सम्भव है। दरअसल, इस दिशा में प्रायोगिक सफलता मिल चुकी है। कुछ विकसित देशों के कुछ बड़े कार्यालयों में संचार-सम्बन्ध के लिए टेलीविजन की व्यवस्था स्थापित हो चुकी है। तकनीकी दृष्टि से हर व्यक्ति का हर दूसरे व्यक्ति के साथ टेलीविजन सम्पर्क स्थापित करना सम्भव है। संचार उपग्रहों के जरिए सारी दुनिया के साथ टेलीविजन-सम्पर्क सम्भव हो गया है। आगे इस साधन का और अधिक विकास होगा। तब आप अपने कमरे में बैठे-बैठे ही दुनिया के किसी भी कोने के आदमी के साथ न केवल बातचीत कर सकेंगे, बल्कि उसकी शक्ल भी देख सकेंगे—साथ ही-साथ वह दूसरा व्यक्ति भी आपकी शक्ल देख पाएगा। इक्कीसवीं सदी के मध्यकाल तक ऐसी जागतिक संचार-व्यवस्था अवश्य अस्तित्व में आ जाएगी।

संचार-साधन की नई व्यवस्थाएँ यातायात को काफी कम करेंगी। दूर-दूर के नगरों में बैठे हुए दस व्यक्ति यदि कोई मीटिंग करना चाहते हैं तो वे अपनी मेजों पर बैठे-बैठे ही ऐसी मीटिंग का आयोजन कर सकेंगे। टेलीविजन की व्यवस्था से बड़े-बड़े पर्दों पर सचित्र सूचनाएँ प्राप्त करना भी सम्भव होगा। इस प्रकार आवागमन में बहुत कटौती होगी।

ऊर्जा के नए स्रोत क्या होंगे?

आज वस्तुस्थिति यह है कि दुनिया के किसी भी देश की सम्पन्नता उसके लिए उपलब्ध ऊर्जा के साधनों पर निर्भर करती है। जिस देश के पास ऊर्जा एवं शक्ति के जितने अधिक साधन हैं, वह उतनी ही अधिक तेजी से तरक्की कर सकता है।

आज हमारे देश में प्रति व्यक्ति ऊर्जा की खपत अमेरिका की तुलना में पचास गुना कम है। फिर भी हालत यह है कि हम अपनी जरूरतों के लिए पर्याप्त खनिज तेल प्राप्त नहीं कर पाते, कोयला नहीं जुटा पाते। आज यह स्थिति है, तो भविष्य में क्या होगा? यदि हम ऊर्जा के पर्याप्त साधन नहीं जुटा पाएँगे, तो देश की बढ़ती आबादी का भरण-पोषण किस प्रकार कर पाएँगे? निश्चय ही ऊर्जा के साधनों की समस्या एक गम्भीर समस्या है, दुनिया के सभी देशों के लिए। प्राचीन काल में अधिकतर मानव-शक्ति और पशु-शक्ति का ही इस्तेमाल होता था। केवल नौसंचालन में ही हवा की शक्ति का इस्तेमाल होता था। इसके अलावा, कुछ पनचक्कियाँ भी शायद चलती होंगी। लकड़ी का ईंधन प्रचुर मात्रा में उपलब्ध था। परन्तु अभी खनिज तेल और कोयले की किसी को जानकारी नहीं थी। किसी भी प्राचीन संस्कृत ग्रन्थ में खनिज कोयले के इस्तेमाल के बारे में जानकारी नहीं मिलती। दरअसल, यह 'कोयला' शब्द ही संस्कृत भाषा का नहीं है। यही स्थिति खनिज तेल की है। बाद के कुछ संस्कृत ग्रन्थों में हमें 'पारसिक तेल', 'तुरुष्क तेल'—जैसे शब्द देखने

को मिलते हैं, जो इस बात के प्रमाण हैं कि उस समय तक हमारे देश में खनिज तेल की खोज नहीं हुई थी।

भारत में खनिज तेल की खोज पिछली सदी के मध्यकाल में हुई। असम में तेल का पहला कुआँ 1859 में खोदा गया था। दरअसल, वर्तमान सदी में ही इन दोनों खनिजों का अधिकाधिक उत्पादन एवं उपयोग हुआ है। अन्य शब्दों, में ऊर्जा के इन दो बड़े वर्तमान साधनों का इस्तेमाल पिछले करीब सौ वर्षों में ही सर्वाधिक हुआ है।

खनिज तेल और कोयले के बारे में महत्त्वपूर्ण बात यह है कि हमारी धरती में इनके भंडार असीम नहीं हैं। धरती के भीतर अब कोई नया तेल या कोयला तैयार नहीं हो रहा है। करोड़ों साल पहले जैव-जगत से जो तेल और वनस्पति-जगत से कोयला बनकर तैयार हो गया था, उसी को हम प्राप्त कर सकते हैं, इस्तेमाल कर सकते हैं। तेल के कुएँ, पानी के कुएँ नहीं हैं। देर-सबेर तेल एवं कोयले के भंडार अवश्य समाप्त हो जाएँगे।

दुनिया के खनिज तेल एवं कोयले के भंडार कब तक समाप्त हो जाएँगे, इसके बारे में विभिन्न वैज्ञानिकों ने तरह-तरह के अनुमान प्रकट किए हैं। इस सन्दर्भ में यह ध्यान में रखना जरूरी है कि 2000 ई. तक दुनिया की आबादी करीब 7 अरब हो जाएगी, और तब आज से करीब पाँच गुना अधिक ऊर्जा की खपत होगी। इक्कीसवीं सदी के मध्यकाल में जब दुनिया की आबादी 15 अरब होगी, ऊर्जा की खपत आज से 30 गुना अधिक होगी।

परमाणु ऊर्जा के शान्तिमय उपयोगों के बारे में 1955 में जेनेवा में एक अन्तर्राष्ट्रीय सम्मेलन हुआ था। इसमें सम्मिलित हुए वैज्ञानिक इस निष्कर्ष पर पहुँचे थे कि तेल और कोयले के शेष भंडार आगे के करीब डेढ़ सौ वर्षों में समाप्त हो जाएँगे।

परन्तु आजकल अनेक वैज्ञानिक ऊर्जा के इन स्रोतों के बारे में इतनी अधिक निराशाजनक भविष्यवाणियाँ नहीं करते। कारण यह है कि दुनिया के अनेक क्षेत्रों में तेल व कोयले के नए भंडार प्राप्त हो रहे हैं। इसके अलावा, सागरों के नीचे भी खनिज तेल के भंडार प्राप्त हो रहे हैं। हमारे देश में ही पिछले चन्द दशकों में तेल के कई नए भंडारों की खोज हुई है। इसलिए अनेक वैज्ञानिक अब कुछ आशावादी भविष्यवाणियाँ करने लगे हैं। अर्थार क्लार्क का विश्वास है कि भविष्य में अधिक गहराई के भूस्तरों से कोयला, तेल और अन्य खनिज प्राप्त करना सम्भव होगा। लेकिन वह भी स्वीकार करते हैं कि तेल एवं कोयले-जैसे ईंधन आगे की कुछ सदियों तक ही टिक सकते हैं। उसके बाद ये ईंधन सदा के लिए समाप्त हो जाएँगे।

अतः ऊर्जा के मामले में निकट भविष्य का जो चित्र हमारे सामने उभरता है, वह यह है कि तेल एवं कोयले के नए भंडार प्राप्त होंगे, समुद्रतल से भी काफी अधिक मात्रा में ये खनिज प्राप्त किए जाएँगे। परन्तु यदि आगामी कुछ दशकों में ऊर्जा के नए प्रचुर स्रोत उपलब्ध नहीं होते, तो तेल एवं कोयले जैसे परम्परागत स्रोतों का संकट निरन्तर बना रहेगा। और, हम यह भी जानते हैं कि प्रचुर ऊर्जा उपलब्ध न हो तो हम किसी भी क्षेत्र में आगे नहीं बढ़ सकते। ऊर्जा के अभाव में सर्वत्र भयंकर हाहाकार मच जाएगा। परन्तु अधिकांश वैज्ञानिकों का मत है कि ऐसे महासंकट की नौबत नहीं आएगी। उन्हें पूरा विश्वास है कि निकट भविष्य में ऊर्जा के कई नए स्रोत उपलब्ध हो जाएँगे। आइए, हम देखें कि ऊर्जा के ये नए स्रोत कौन-कौन-से हैं।

सबसे पहले हम परमाणु-ऊर्जा पर विचार करेंगे। परमाणु-ऊर्जा की खोज वर्तमान सदी में हुई है।

दरअसल, परमाणु-ऊर्जा दो प्रकार की है : एक, परमाणुओं के विखंडन की ऊर्जा, और दूसरी परमाणुओं के संगलन की ऊर्जा। एटम-बम की ऊर्जा यूरेनियम एवं प्लूटोनियम के परमाणुओं के विखंडन की ऊर्जा है। हाइड्रोजन बम की ऊर्जा हाइड्रोजन के विशिष्ट परमाणुओं का संगलन होकर हीलियम के नाभिक में रूपान्तरण होने से प्राप्त होनेवाली ऊर्जा है। इस दूसरी प्रकार की ऊर्जा को **तापनाभिकीय ऊर्जा** भी कहते हैं।

एटम-बम की प्रक्रिया में बहुत सारे परमाणुओं का एक साथ विखंडन होकर भयंकर विस्फोट के साथ इस ऊर्जा का उत्सर्जन होता है। परन्तु इस ऊर्जा को नियंत्रित रूप में प्राप्त करने में भी सफलता मिल गई है—वर्तमान सदी के छठे दशक से। हमारे देश में तारापुर कल्पाक्कम् एवं राणाप्रताप सागर के परमाणु बिजलीघरों में इसी प्रकार की परमाणु ऊर्जा पैदा करके बिजली पैदा की जाती है।

अब यह भी जानकारी मिल चुकी है कि एक विशिष्ट प्रकार के रिएक्टरों में, जिन्हें 'ब्रीडर रिएक्टर' कहते हैं यूरेनियम का सीधे इस्तेमाल हो सकता है। इस प्रकार, अब हम लगभग समूचे उपलब्ध यूरेनियम का ऊर्जा प्राप्त करने के लिए इस्तेमाल कर सकते हैं। यह एक बहुत बड़ी सफलता है। कई देशों में प्रायोगिक स्तर के ब्रीडर रिएक्टर अस्तित्व में आ चुके हैं। हमारे देश में भी।

हमारे देश का निकट भविष्य का परमाणु-ऊर्जा का प्रोग्राम इन्हीं ब्रीडर रिएक्टरों पर आधारित है। हमारे लिए इन ब्रीडर रिएक्टरों का महत्त्व इसीलिए भी अधिक है कि हम इनमें अपने देश में प्रचुर मात्रा में उपलब्ध थोरियम ईंधन का इस्तेमाल कर सकेंगे। यूरेनियम की तरह थोरियम से भी परमाणु ऊर्जा प्राप्त की जा सकती है।

परमाणु बिजलीघरों का निर्माण अभी 35 वर्ष पहले ही शुरू हुआ है। आज संसार में लगभग 375 परमाणु बिजली-घर चल रहे हैं। अमेरिकी परमाणु-ऊर्जा आयोग के अनुसार, 2000 ई. तक अमेरिका में परमाणु-ऊर्जा से करीब पचास प्रतिशत बिजली का उत्पादन सम्भव होगा। सोवियन वैज्ञानिकों का भी अनुमान है कि 2000 ई. तक दुनिया में पैदा की जानेवाली समस्त ऊर्जा में परमाणु-ऊर्जा का हिस्सा करीब 25-30 प्रतिशत होगा। यह ऊर्जा लगभग 30 अरब टन खनिज ईंधन के बराबर होगी।

परन्तु खनिज तेल एवं कोयले की तरह यूरेनियम एवं थोरियम के भंडार भी असीम नहीं हैं। ये परमाणु ईंधन बहुत दूर तक हमारा साथ नहीं दे सकते। अनेक वैज्ञानिकों का मत है कि करीब चार-पाँच सौ साल के भीतर यूरेनियम एवं थोरियम के भंडार भी समाप्त हो जाएँगे। और फिर, यूरेनियम से प्राप्त की जानेवाली ऊर्जा के साथ एक बड़ी कठिनाई है। विखंडन की परमाणु-ऊर्जा में रेडियोधर्मी तत्त्वों की 'राख' पैदा होती है। इसे आगे की अनेक सदियों तक नष्ट कर पाना सम्भव नहीं है। यह राख मानव जाति के लिए बड़ी खतरनाक सिद्ध हो सकती है।

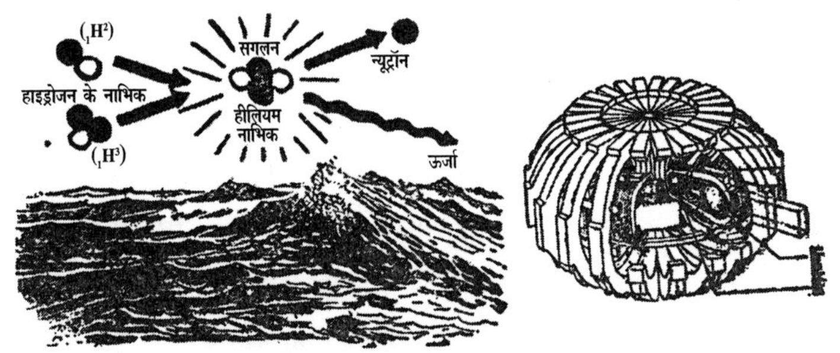

चित्र-तापनाभिकीय ऊर्जा का स्रोत और इसे प्राप्त करने का एक प्रायोगिक साधन 'तोकमक' उपकरण

परन्तु एक अन्य प्रकार की भी परमाणु-ऊर्जा है—तापनाभिकीय ऊर्जा। इस ऊर्जा को एक महाविस्फोट के रूप में, हाइड्रोजन-बम के रूप में, हाइड्रोजन-बम के रूप में प्राप्त करने में हमें सफलता मिल चुकी है। ब्रह्मांड के सभी तारों में इसी तापनाभिकीय ऊर्जा का निर्माण होता है।

इस तापनाभिकीय ऊर्जा के बारे में महत्त्वपूर्ण बात यह है कि इसके लिए बुनियादी ईंधन विपुल मात्रा में उपलब्ध है। यह ईंधन है हाइड्रोजन। हमारी धरती पर पानी के एक घटक के रूप में काफी अधिक मात्रा में हाइड्रोजन मौजूद है। सागरों के पानी से यह हाइड्रोजन प्राप्त किया जा सकता है। अतः आगे के हजारों वर्षों के लिए हमें इस ईंधन की कमी नहीं रहेगी। सौरमंडल के दूसरे कई ग्रहों पर भी हाइड्रोजन मौजूद है। दरअसल, आज विश्व में हाइड्रोजन तत्त्व ही सर्वाधिक मात्रा में पाया जाता है।

परन्तु इस तापनाभिकीय ऊर्जा को नियंत्रित रूप से प्राप्त करने में अभी सफलता नहीं मिली है। संसार के विकसित देशों में, विशेषतः अमेरिका और सोवियत रूप में, इस दिशा में जोरदार प्रयत्न जारी है, और कुछ प्रायोगिक सफलताएँ भी मिली हैं। अनेक वैज्ञानिकों को विश्वास है कि वर्तमान सदी के अन्त तक इस ऊर्जा की समस्याएँ सुलझ जाएँगी। अतः इस बात की बहुत सम्भावना है कि हम अपने जीवनकाल में ही तापनाभिकीय ऊर्जा से पैदा की गई बिजली को देख पाएँगे। इक्कीसवीं सदी के मध्यकाल के हमारे उत्तराधिकारी ऊर्जा-संकट का सामना नहीं करेंगे। विशेष बात यह है कि तब ऊर्जा-उत्पादन से पर्यावरण को दूषण की समस्या भी समाप्त हो जाएगी।

ऊर्जा का एक और विपुल स्रोत है, जो भविष्य के ऊर्जा-संकट को काफी हद तक सुलझा सकता है। यह है सौर-ऊर्जा। दरअसल, परमाणु-ऊर्जा की खोज होने के पहले ऊर्जा के जितने भी स्रोत

उपलब्ध थे, वे सभी किसी-न-किसी रूप से बुनियादी तौर पर सौर-ऊर्जा के ही विविध रूप थे। इस धरती पर जीव-जगत का उद्‌भव एवं विकास सौर-ऊर्जा के कारण ही सम्भव हो पाया है। खनिज तेल एवं कोयले की ऊर्जा मूलतः सूर्य से प्राप्त की गई ऊर्जा है। लकड़ी की ऊर्जा दरअसल सौर-ऊर्जा है। पन-चक्कियों और पवन चक्कियों से प्राप्त होनेवाली ऊर्जा मूलतः सौर-ऊर्जा है। संक्षेप में, परमाणु-ऊर्जा की खोज होने तक मानव ने जितनी भी ऊर्जाओं का इस्तेमाल किया है, उन सब का स्रोत सौर-ऊर्जा में निहित है। क्या पर्याप्त मात्रा में निरन्तर प्राप्त होनेवाली यह सौर-ऊर्जा हमारे ऊर्जा-संकट को दूर नहीं कर सकती?

सौर-सेलों से सूरज की ऊर्जा को बिजली में बदला जा सकता है

इस दिशा में भी तरह-तरह के अनुसन्धान जारी हैं। सौर-ऊर्जा प्रचुर मात्रा में उपलब्ध तो है, पर समस्या है इसे एकत्र करने की, इसे विद्युत में परिवर्तित करने की। विभिन्न तरीकों से सौर-ऊर्जा को उपयोगी बनाने में प्रायोगिक सफलताएँ मिलती जा रही हैं। सौर सेलों को लीजिए। इनके जरिए सौर-ऊर्जा को सीधे विद्युत-ऊर्जा में बदला जा सकता है। ऐसे सौर-सेलों का इस्तेमाल करके ही अन्तरिक्ष-यानों के लिए विद्युत-ऊर्जा प्राप्त की जाती है। आज दिक्कत यह है कि इन सौर-सेलों के निर्माण से भयंकर खर्च आता है। जिस दिन सस्ते सौर-सेलों का निर्माण सम्भव हो जाएगा, उस दिन से घर-घर में इनका इस्तेमाल शुरू हो जाएगा। घर की छत पर इन सौर-सेलों का एक पैनल बिछा दीजिए, आपको परिवार की जरूरतों के लिए पर्याप्त ऊर्जा प्राप्त हो जाएगी।

भारत-जैसे उष्ण कटिबन्धीय देशों में प्रचुर सौर-ऊर्जा उपलब्ध है। इसलिए भविष्य की दृष्टि से हमारे लिए इसका बड़ा महत्त्व है। यह मुफ्त में प्राप्त होनेवाली ऊर्जा है। इसके स्रोत के लिए हमें एक पैसा भी खर्च करने की जरूरत नहीं है। विशेष बात यह है कि जब तक सूर्य है, तब तक हमें यह ऊर्जा प्राप्त होती रहेगी। इस ऊर्जा के साथ प्रदूषण की भी कोई बात नहीं है। यही कारण है कि अनेक वैज्ञानिक सौर-ऊर्जा के विकास पर अधिक बल देते हैं। अनेक वैज्ञानिक भविष्यवाणी करते हैं कि आगे की दो सदियों के भीतर सहारा के मरू क्षेत्र के एक-तिहाई भाग से ही इतनी सौर-ऊर्जा प्राप्त करना सम्भव होगा कि उससे सारी दुनिया की ऊर्जा की आवश्यकता पूरी हो सके। इस दृष्टि से हमारे देश के राजस्थान के रेगिस्तानी क्षेत्र का भी बड़ा महत्त्व है।

मूलतः सौर-ऊर्जा में ही निहित ऊर्जा के ऐसे अनेक स्रोत हैं जिनका विकास किया जा सकता है। अब पनचक्कियों की परिणति

जलविद्युत में हो गई है। पर पवनचक्कियों की शक्ति को आगे नहीं बढ़ाया गया है। संसार के ऐसे अनेक क्षेत्र हैं जहाँ साल के अधिकतर महीनों में जोर की हवाएँ चलती हैं। ऐसे क्षेत्रों में पवन-संयंत्र स्थापित किए जा सकते हैं। हमारे देश में दक्षिण के पालघाट क्षेत्र में सौराष्ट्र के समुद्रतट पर ऐसे संयंत्र खड़े किए जा सकते हैं।

धरती के गर्भ में गर्म भाप, गर्म पानी और पिघली हुई गर्म चट्टानों के रूप में ऊर्जा का बहुत बड़ा भंडार जमा है। हमारे देश में कई स्थानों पर गर्म पानी के सोते पाए जाते हैं। ऐसे स्थलों से भूतापीय ऊर्जा प्राप्त की जा सकती है। इस दिशा में भी अनुसंधान-कार्य जारी है।

समुद्रों में आनेवाले ज्वार-भाटे से ऊर्जा प्राप्त करने की दिशा में प्रायोगिक स्तर पर अनुसन्धान जारी है। नीदरलैंड और फ्रांस में इस दिशा में काफी सफलताएँ मिली हैं। हमारे देश में भी सुन्दरवन के क्षेत्र में इस दिशा में कुछ सर्वेक्षण-कार्य हुआ है।

कुछ वैज्ञानिकों ने समुद्र के जल से ताप-ऊर्जा प्राप्त करने का एक और अद्भुत तरीका सुझाया है। महासागरों के कुछ क्षेत्रों में ऊपरी सतह के पानी में और निचली सतह के पानी में तापमान का अन्तर लगभग 35 डिग्री रहता है। तापमान के इस अन्तर का इस्तेमाल करके सागर-सतह पर तरंग विद्युतजनित्र स्थापित किए जा सकते हैं। इस प्रकार काफी अधिक विद्युत-ऊर्जा प्राप्त की जा सकती है।

परित्यक्त जैव-सामग्री में पर्याप्त ऊर्जा समाई रहती है। इस ऊर्जा का ईंधन के रूप में इस्तेमाल सम्भव है। इसके विद्युत पैदा करने की दिशा में भी प्रयोग किए जा रहे हैं।

कुछ वैज्ञानिक नए ऊर्जा-स्रोतों के लिए सौर-मंडल के अन्य पिंडों में आश्रय खोजते हैं। चन्द्रतल पर सौर-ऊर्जा को एकत्र करके

उसे धरती पर प्राप्त करने की योजनाएँ प्रस्तुत की गई हैं। अन्य ग्रहों से बड़े पैमाने पर परमाणु-ईंधन आयातित करने की योजनाएँ भी प्रस्तुत की गई हैं।

इस प्रकार हम देखते हैं कि आज ऊर्जा का संकट भले ही आरम्भ हो गया हो, पर निकट भविष्य में यह संकट समाप्त हो जाएगा, इस बात की अधिकांश वैज्ञानिकों को पूरी उम्मीद है। यह बात नहीं है कि सभी वैज्ञानिक आशावादी हैं। फ्रेड होयले ऊर्जा की समस्या के बारे में भी घोर निराशावादी दृष्टिकोण रखते हैं। वह समझते हैं कि अगली सदी में ऊर्जा का संकट भयंकर रूप धारण कर लेगा।

परन्तु इस बात की कोई सम्भावना नहीं है। कारण यह है कि द्रव्य और ऊर्जा एक ही वस्तु के दो रूप हैं। हम यह भी जान चुके हैं कि द्रव्य को ऊर्जा में बदला जा सकता है, और ऊर्जा को द्रव्य में बदला जा सकता है। इसलिए जहाँ द्रव्य विद्यमान है, वहाँ उसे देर- सबेर ऊर्जा के सुविधाजनक रूप में बदला ही जा सकता है। इसीलिए हम पूर्णतः आशान्वित हैं कि ऊर्जा की समस्या निश्चय ही सुलझ जाएगी।

आर्थर क्लार्क ने ठीक ही कहा है कि ‘‘द्रव्य या ऊर्जा के अभाव से हमें भयभीत होने की जरूरत नहीं है। हमें सर्वाधिक भय है केवल एक बात का–हमारे अपने दिमाग खोखले हो जाने का।’’

अन्तरिक्ष में बस सकती है मानव दुनिया

सभी युगों में और प्रायः सभी देशों के लोक-साहित्य में आकाशयात्रा की कथाएँ प्रचलित रही हैं, परन्तु ये कथाएँ वास्तविक बनी बीसवीं सदी के उत्तरार्द्ध में, पिछले करीब पच्चीस वर्षों में। अन्तरिक्ष अनुसंधान की शुरुआत हुए मुश्किल से पाँच दशक हुए हैं, परन्तु इतनी अल्पावधि में ही कितना-कुछ हो चुका है। एक दर्जन से ज्यादा अन्तरिक्ष यात्रियों को चन्द्रमा पर उतारकर वहाँ से सुरक्षित वापस लाया जा चुका है। चन्द्रमा पर 'लूनाखोद' जैसी स्वचालित गाड़ियाँ उतारी गई हैं। चन्द्रतल की मिट्टी धरती पर लाकर उसकी वैज्ञानिक जाँच-पड़ताल की गई है। शुक्र और मंगल—जैसे पड़ोसी ग्रहों पर कई सारे स्वचालित यंत्र-उपकरण उतारे गए हैं। बृहस्पति और शनि की कक्षाओं तक भी स्वचालित यान पहुँच चुके हैं। ऐसे स्वचालित यान भी धरती से प्रेषित किये गए हैं जो सौर-मंडल के अन्तिम ग्रह प्लूटो की कक्षा को पार करके सुदूर अंतरिक्ष में पहुँच गए। करीब पैंतालीस साल की अल्प कालावधि में ही कई हजार कृत्रिम उपग्रह विभिन्न पृथ्वी की (पार्थिव) कक्षाओं में स्थापित किए गए हैं। अन्तरिक्ष प्रयोगशालाएँ अस्तित्व में आ चुकी हैं। एक साल से भी अधिक दिनों तक अन्तरिक्ष में मानव के निवास का रिकॉर्ड स्थापित हो चुका है। पार्थिव अन्तरिक्ष में स्थायी अन्तरिक्ष-स्टेशनों की स्थापना में अब अधिक देर नहीं है। इन अन्तरिक्ष-स्टेशनों तक आने-जाने के लिए अन्तरिक्ष-शटलों का निर्माण किया जा चुका है।

पार्थिव कक्षाओं में स्थापित किए गए उपग्रहों के कारण संचार-व्यवस्था में क्रान्तिकारी परिवर्तन हुआ है। सबसे पहले 1945 में आर्थर क्लार्क ने संचार उपग्रहों की धारणा प्रतिपादित की थी। आज इन कृत्रिम उपग्रहों की बदौलत टेलीफोन व टेलीविजन-जैसे संचार के साधन न केवल सार्वदेशिक बल्कि सार्वभौमिक बन गए हैं। मौसम विज्ञान में कृत्रिम उपग्रहों का अधिकाधिक इस्तेमाल हो रहा है। इसी प्रकार अन्तरिक्ष की खनिज-सम्पदा, जल-सम्पदा, कृषि-सम्पदा आदि के अध्ययन के साथ-साथ कई सारे नए विज्ञान अस्तित्व में आए हैं–अन्तरिक्ष-रसायन, अन्तरिक्ष-जैविकी, अन्तरिक्ष-टेक्नालॉजी, आदि।

अब हमारे सामने सवाल है–अन्तरिक्ष-अनुसंधान के क्षेत्र में पिछले चालीस वर्षों में इतना-कुछ हुआ है, तो अगली सदी के मध्यकाल तक कितना-कुछ होना सम्भव है? अन्तरिक्ष-अनुसंधान के क्षेत्र का पूर्वानुमान प्रस्तुत करने में एक कठिनाई सामने आती है। अन्तरिक्ष यात्राओं के बारे में कल्पित वैज्ञानिक कथानक पहले भी लिखे गए थे और पिछले कुछ वर्षों से इतने ज्यादा लिखे जा रहे हैं कि उनके सामने निकट भविष्य का कोई भी पूर्वाभास अत्यन्त फीका नजर आता है। आज स्थिति यह है कि खगोल-विज्ञान के क्षेत्र में कोई भी नई महत्त्व की सूचना प्राप्त होते ही उसका उपयोग करके दर्जनों कल्पित कथानकों की रचना शुरू हो जाती है। 'ब्लैक होल' की सैद्धान्तिक चर्चा शुरू होते ही कल्पित कथाकारों ने 'ब्लैक होल' की दुनिया के बारे में वैज्ञानिक कथाओं की रचना शुरू कर दी। दूर के ग्रहों के तरह-तरह के प्राणियों के बारे में तो पता नहीं कितने वैज्ञानिक कथानकों की रचना हुई है। अब तो ऐसा लगता है कि निकट भविष्य में किसी दूर के जगत के प्राणियों के साथ हमारे सम्बन्ध स्थापित होते हैं तो वैज्ञानिक-जगत में ही थोड़ा तहलका मचेगा, जन-मानस इसके लिए पहले से ही तैयार है।

फिर भी हम जानते हैं कि वास्तविकता कल्पना से अधिक रोमांचक होती है। अभी हमने अन्तरिक्ष में अपना पहला कदम रखा है, पृथ्वी के वातावरण से बाहर निकल कर सबसे नजदीक के पिंड की यात्रा करने में सफलता प्राप्त की है। लेकिन विश्व बहुत बड़ा है। प्रकाश की किरणों को चन्द्रमा तक पहुँचने में सिर्फ सवा सेकंड लगता है, सौर-मंडल के अन्तिम ग्रह प्लूटो तक पहुँचने में करीब साढ़े पाँच घंटे लगते हैं। लेकिन आज खगोलविद्, ब्रह्मांड में ऐसी ज्योतियों की खोज कर चुके हैं जिनके प्रकाश को हम तक पहुँचने में करीब पंद्रह अरब साल लगते हैं। आकाश का सबसे नजदीक का तारा हमसे करीब सवा चार प्रकाश-वर्ष दूर है। यदि प्रकाश की गति से यात्रा करना सम्भव हो तो उस तारे तक पहुँचने में सवा चार साल लगेंगे। प्रकाश की गति है एक सेकंड में 300,000 किलोमीटर।

आगे के दो दशकों में डेढ़-दो सौ किलोमीटर ऊपर की कक्षा में स्थायी अन्तरिक्ष स्टेशन अवश्य स्थापित किए जाएँगे। धरातल के अध्ययन में ये स्थायी स्टेशन बड़े उपयोगी सिद्ध होंगे। इनमें कुछ विशिष्ट उद्योग भी स्थापित किए जा सकते हैं। इनके जरिए संचार-साधनों में भी बड़ा सुधार होगा। आज जिन रॉकेटों का इस्तेमाल होता है, वे एक बार के प्रयोग के बाद बेकार हो जाते हैं। पर, अब ऐसे अन्तरिक्ष शटलों का निर्माण हो गया है जो अन्तरिक्ष-स्टेशनों तक यात्रियों तथा सामान को ले जाते हैं और सुरक्षित धरती पर वापस लाते हैं। अन्तरिक्ष-स्टेशनों का विशेष महत्व इसलिए भी है कि डेढ़-दो सौ किलोमीटर की ऊँचाई से अन्तरिक्ष यानों को चन्द्रमा या दूसरे ग्रहों की ओर प्रेषित करने में अधिक कठिनाई नहीं है।

इस प्रकार हम कल्पना कर सकते हैं कि आगे के तीन-चार दशकों के भीतर पार्थिव कक्षा में काफी बड़े अन्तरिक्ष-स्टेशन अस्तित्व में आ जाएँगे। नए किस्म के रॉकेटयान आदमियों और सामान को

इन स्टेशनों तक पहुँचाएँगे और वहाँ से वापस लौटेंगे। इन अन्तरिक्ष-स्टेशनों से ही आगे चन्द्रमा तथा दूसरे ग्रहों की ओर नाभिकीय या आयन-रॉकेटयान भेजे जाएँगे। चन्द्रमा पर अन्तरिक्ष-यात्रियों को उतारा गया है, उन्हें सुरक्षित वापस लाया गया है। स्वचालित यंत्रों के जरिए चन्द्रतल की मिट्टी को भी धरती पर लाया गया है। इसलिए काफी अधिक धन खर्च करके आज भी चन्द्रमा पर कुछ व्यक्तियों के लिए लगभग स्थायी निवास के साधन जुटाए जा सकते हैं। चन्द्रमा पर जल नहीं, वायुमंडल नहीं, पर आधुनिक टेक्नालॉजी के जरिए चन्द्रमा पर विद्युत पैदा करने में, ऑक्सीजन व पानी का निर्माण करने में, कोई कठिनाई नहीं है। फिर भी अब लगता है कि 2020 ई. के पहले चन्द्रमा पर चन्द आदमियों के स्थायी निवास के लिए अड्डे स्थापित करना सम्भव नहीं होगा।

अमरीका और रूस ने मंगलतल पर स्वचालित उपकरण उतारे हैं, और इस ग्रह के बारे में काफी जानकारी प्राप्त की है। वैज्ञानिकों का मत है कि आदमी को मंगल पर उतारना कुछ ही वर्षों में सम्भव हो जाएगा। दरअसल, पृथ्वी के सापेक्ष मंगल की एक विशिष्ट स्थिति में ही अन्तरिक्षयान को वहाँ भेजना उपयोगी होता है। शुक्र ग्रह पर भी स्वचालित यंत्र-उपकरण उतारे गए हैं, परन्तु इस ग्रह के बारे में अभी उतनी ठोस जानकारी नहीं मिली है, जितनी कि मंगल के बारे में मिली है। शुक्र की परिस्थितियाँ भी बड़ी कठोर हैं, इसलिए निकट भविष्य में शुक्रतल पर आदमी के उतरने की कोई सम्भावना नहीं है।

मंगल के परे हजारों लघु ग्रहों की कक्षाएँ हैं और उनके परे बृहस्पति की कक्षा है। धरती से भेजे गए 'पायोनियर' और 'वायजर' नामक स्वचालित अन्तरिक्षयान इन सबको पार करके आगे बढ़ गए हैं। बृहस्पति सौर-मंडल का सबसे बड़ा ग्रह है, इसलिए भविष्य की

अन्तरिक्ष-यात्राओं में इस ग्रह का बड़ा महत्त्व है। सीधे इस ग्रह पर उतरना आज सम्भव नहीं है, पर इस ग्रह के सोलह में से कुछ बड़े चन्द्रमाओं पर उतरा जा सकता है। अनुमान है कि इक्कीसवीं सदी के पहले चरण में मानवयुक्त अन्तरिक्षयानों को बृहस्पति के बड़े चन्द्रों पर उतारना सम्भव होगा।

बृहस्पति के आगे शनि, यूरेनस, नेपच्यून और प्लूटो हैं। प्लूटो हमसे करीब 595 करोड़ किलोमीटर दूर है। किसी यान को यदि 16.7 किलोमीटर प्रति सेकंड का पलायन-वेग प्रदान किया जाय तो भी उसे प्लूटो तक पहुँचने में करीब 20 साल लगेंगे। अतः इस बात की कोई सम्भावना प्रतीत नहीं होती कि आगे के तीन-चार दशकों में मानव को प्लूटो पर उतारा जाएगा। लेकिन लगभग निश्चित है कि 2050 ई. तक सौर-मंडल के प्रायः सभी पिंडों की गहरी छानबीन हो जाएगी। प्रायः सभी पिंडों पर स्वचालित यान या रोबोट उतारे जाएँगे। इस बीच यदि नए शक्तिशाली रॉकेट-साधन खोजे जाते हैं, तो इस सदी के मध्यकाल तक धरती का मानव पूरे सौर-मंडल की गहरी छानबीन कर लेगा।

इस बीच सौर-मंडल के आगे के अन्तरिक्ष में बहुत सारे स्वचालित यान भेजे जाएँगे और समीप के अन्तर्नक्षत्रीय वातावरण के बारे में काफी नई जानकारी एकत्र होगी। हम बता चुके हैं कि सबसे नजदीक का तारा 'प्रोक्सिमा सेंटौरी' हमसे करीब सवाचार प्रकाश-वर्ष दूर है। आइन्सटाइन के सापेक्षवाद का एक निष्कर्ष यह है कि जो यान जितने अधिक वेग से यात्रा करेगा, उसमें समय उतनी ही धीमी गति से गुजरेगा। किसी पिंड को प्रकाश के वेग से ज्यादा गतिमान बनाना तो व्यावहारिक दृष्टि से सम्भव नहीं है, तो प्रकाश के काफी नजदीक का वेग प्रदान करके दूर के तारों की यात्राओं के समय में काफी कटौती की जा सकती है। समय की यह कटौती भी उन्हीं के

लिए होगी जो स्वयं यात्रा करते हैं, धरती के निवासियों के लिए नहीं होगी। दरअसल, तारों तक की यात्राओं के लिए आज हमारे पास साधन नहीं हैं, और निकट भविष्य में ऐसे साधन उपलब्ध होंगे इसकी कोई आशा भी नहीं है। तारों की यात्राएँ कल्पना की कोटि की हैं, वैज्ञानिक कथानकों का विषय हैं। लेकिन असम्भव कुछ भी नहीं है–यहाँ तक कि प्रकाश के वेग से भी अधिक वेग प्राप्त करना सैद्धान्तिक दृष्टि से असम्भव नहीं है। सापेक्षवाद से सिर्फ इतनी ही जानकारी मिलती है कि किसी पिंड को प्रकाश का वेग प्रदान करना सम्भव नहीं है–प्रकाश के वेग से ऊँचे वेग के अस्तित्व के बारे में सापेक्षवाद मौन है।

अंतरिक्ष की दुनिया के प्राणियों के साथ सम्पर्क स्थापित करने की दिशा में भी अब प्रयास शुरू हो गए हैं। अमरीका ने सौर-मंडल के बाहर एक ऐसा स्वचालित यान भेजा है जिसके साथ पृथ्वी के मानव के बारे में जानकारी देनेवाली एक प्लेट जुड़ी हुई है। अनेक वैज्ञानिकों को विश्वास है कि यदि समीप के कुछ तारों के ग्रहों पर हमसे अधिक विकसित प्राणियों का अस्तित्व है, तो वे निश्चय ही अपने बारे में सूचनाएँ अन्तरिक्ष में निरन्तर प्रेषित कर रहे होंगे। ऐसी सम्भावित सूचनाओं की खोज अब शुरू हो गई है।

अंतरिक्ष-अनुसन्धान का युग शुरू होने के बाद से अनेक वैज्ञानिक, विशेषतः पाश्चात्य देशों के भविष्यवेत्ता-वैज्ञानिक, धरती की हर कठिनाई का हल बाहृय अन्तरिक्ष में खोजने लगे हैं। जैसे, बढ़ती आबादी का हल है सौर-मंडल के ग्रहों को आबाद करना। ऊर्जा के संकट का हल है चन्द्रमा पर ऊर्जा एकत्र करके उसे धरती पर प्रेषित करना। परमाणु-ईंधनों की खतरनाक रेडियोधर्मी राख को सुरक्षित दफनाने का हल है उसे किसी दूसरे ग्रह पर स्थानान्तरित करना, आदि। लेकिन हर समस्या के समाधान के लिए अन्तरिक्ष की ओर

देखना ठीक नहीं है। धरती की अनेक समस्याएँ, खासकर सामाजिक, राजनीतिक व आर्थिक भेदभाव से जनित समस्याएँ-हमें इसी धरती पर सुलझानी होंगी। बावजूद इसके यह निश्चित है कि इक्कीसवीं सदी में समूचा सौर-मंडल मानव का विचरण-क्षेत्र बन जाएगा।

ज्ञान-भंडार का विस्फोट!

यूरोप में पुस्तकों की छपाई पन्द्रहवीं सदी के मध्यकाल से आरम्भ हुई। कागज और मुद्रणकला ने यूरोप के बौद्धिक जागरण में सर्वाधिक महत्त्व की भूमिका अदा की है। यूरोप के धर्म-सुधारक मार्टिन लूथर ने छापाखाने को मानवजाति का महान उद्धारक कहा था। केवल पचास साल की अवधि में 1,500 ई. तक यूरोप में तीस हजार पुस्तकें प्रकाशित हुईं। सोलहवीं सदी में लगभग ढाई लाख पुस्तकें मुद्रित हुईं, और उन्नीसवीं सदी में मुद्रित पुस्तकों की संख्या 70 लाख पर जा पहुँची।

आज स्थिति क्या है? यूनेस्को द्वारा प्रकाशित आंकड़ों के अनुसार 1955 में 285,000 पुस्तकें प्रकाशित हुई थीं? 1968 में यह संख्या 487,000 पर पहुँच गई। अकेले सोवियत संघ में 1970 में पुस्तकों की 130 करोड़ प्रतियाँ प्रकाशित हुईं। अनुमान है कि 2000 ई. तक, पूरी 20वीं सदी में, प्रकाशित होनेवाली पुस्तकों की संख्या 250 लाख पर पहुँच जाएगी। आज दुनियाभर में प्रति वर्ष करीब 700 करोड़ पृष्ठ पुद्रित होते हैं। इनमें से करीब दस प्रतिशत प्रकाशित सामग्री विज्ञान से सम्बन्धित होती है।

सन् 1800 ई. में दुनियाभर में वैज्ञानिक विषयों की करीब 100 पत्रिकाएँ प्रकाशित होती थीं। 1950 में इनकी संख्या एक लाख पर पहुँच गई। आज संसार में करीब 200,000 वैज्ञानिक पत्रिकाएँ

प्रकाशित होती हैं। इनमें केवल रसायन-विज्ञान से सम्बन्धित पत्रिकाओं की संख्या 10,000 से ऊपर है। 1966 में दुनियाभर में 20 लाख से अधिक वैज्ञानिक शोध-निबन्ध प्रकाशित हुए थे। आज यह संख्या 50 लाख के ऊपर पहुँच गई है। अनुमान है कि वैज्ञानिक शोध-निबन्धों के प्रकाशन में दुनिया की आबादी से दस गुना अधिक वृद्धि हो रही है।

मुद्रित सामग्री के क्षेत्र में क्या यह एक 'महाविस्फोट' की स्थिति नहीं है? और यह सब हुआ पिछले करीब तीन-चार सौ वर्षों में।

अभी करीब दो सौ साल पहले तक भारत में केवल हस्तलिखित ग्रन्थों का पठन-पाठन होता था। बड़े यत्न से ग्रन्थों की प्रतियाँ तैयार की जाती थीं। प्रतिलिपिकारों की दृष्टि क्षीण हो जाती थी, पीठ व गर्दन अकड़ जाती थी। इसीलिए पुराने हस्तग्रन्थों में प्रायः यह श्लोक पढ़ने को मिलता है :

भग्न पृष्ठकटिग्रीवस्तब्धदृष्टिरधोमुखः।
कष्टेन लिखितं ग्रन्थं यत्नेन परि-पालयेत ॥

आज कष्टकर स्थिति ग्रन्थों को प्रकाशित करने की नहीं है, ग्रन्थों को सुरक्षित रखने की है। आज हमारे देश में भी ऐसे ग्रन्थालय हैं जिनमें ग्रन्थों की संख्या 20 लाख से अधिक है। मास्को के लेनिन ग्रन्थालय में करीब ढाई करोड़ पुस्तकें, पत्रिकाएँ और समाचार पत्र सुरक्षित हैं। इस ग्रन्थालय के शेल्फों की लम्बाई 300 किलोमीटर से अधिक है और प्रति वर्ष 15 किलोमीटर की लम्बाई के शेल्फ इसमें जुड़ते जा रहे हैं। दिलचस्प बात यह है कि इस विशाल ग्रन्थालय की आधी सामग्री की आज तक किसी पाठक ने माँग नहीं की है।

निकट भविष्य में ही ग्रन्थालय एक बड़ी समस्या बन जाएँगे। इस समस्या का एकमात्र समाधान है माइक्रोफिल्मिंग, जिसकी

शुरुआत हो चुकी है। संसार के अनेक देशों के ग्रन्थालयों में माइक्रोफिल्मिंग का अब अधिकाधिक इस्तेमाल किया जा रहा है।

विकट समस्या बढ़ती ज्ञानराशि को सुरक्षित रखने की नहीं है। ज्ञानराशि को सुरक्षित रखने के और भी नए साधन अस्तित्व में आएँगे। समस्या है इस निरन्तर बढ़ती ज्ञानराशि को आत्मसात करने की।

मान लीजिए कि आप एक रसायनज्ञ हैं। दुनिया भर में रसायन के विविध उपांगों से सम्बन्धित करीब दस हजार पत्रिकाएँ प्रकाशित होती हैं। इनमें करीब दो लाख निबन्ध प्रकाशित होते हैं। इनके अलावा रसायन व रसायन तकनालॉजी के बारे में प्रति वर्ष करीब 5000 ग्रन्थ, 30,000 पेटेंट और 20,000 से ऊपर वैज्ञानिक रिपोर्टें प्रकाशित होती हैं। लगभग यही स्थिति गणित, भौतिकी, जीव-विज्ञान आदि से सम्बन्धित प्रकाशनों की है।

इस सारी जानकारी को आत्मसात कर पाना कैसे सम्भव है? आज स्थिति यह है कि एक विशेषज्ञ भी अपने विषय से सम्बन्धित प्रकाशित जानकारी का बीसवाँ हिस्सा तक पढ़ नहीं पाता। स्थिति यह हो गई है कि बहुत-से नए आविष्कार होते रहते हैं, उनके विवरण भी छपते हैं, पर बहुतों को वह जानकारी उपलब्ध नहीं हो पाती।

वैज्ञानिक खोजों और उनके इस्तेमाल के बीच का अन्तर घटता जा रहा है। फोटोग्राफी का आविष्कार 1727 में हुआ था, पर इसका इस्तेमाल शुरू हुआ 1902 से। टेलीविजन की खोज 1922 में हुई, पर इसका इस्तेमाल शुरू हुआ 1934 से। ट्रांजिस्टर की खोज 1948 में हुई, और केवल तीन साल के बाद इस्तेमाल शुरू हो गया। अब ट्रांजिस्टर दुनिया की सभी प्रमुख भाषाओं का एक आम शब्द बन गया है।

इस विवरण से स्पष्ट हो जाता है कि आज किस रफ्तार से वैज्ञानिक जानकारी बढ़ती जा रही है। विशेषज्ञों का अनुमान है कि 2000 ई. तक वैज्ञानिक जानकारी का यह प्रवाह 30 गुना बढ़ जाएगा। तब इतनी अधिक जानकारी को संचित रखना इसे आत्मसात् करना इसका उपयोग करना, कैसे सम्भव होगा? यदि हम वैज्ञानिक जानकारी को भोजन-सामग्री मानें तो ऐसी स्थिति पैदा हो रही है मानो एक कीड़ा एक हाथी खाने का प्रयत्न कर रहा हो।

इसी सदी में ज्ञान के विस्तार और संचय में योग देनेवाले दो शक्तिशाली साधन हमें प्राप्त हुए हैं—टेलीविजन और कम्प्यूटर। दरअसल, ये दो साधन ही अब ज्ञान-प्रसारण के क्षेत्र में सर्वाधिक महत्त्व की भूमिका अदा कर रहे हैं।

आज की दुनिया में किसी देश का विकास इस बात से निर्धारित होता है कि उसका औद्योगिक स्तर कैसा है, कृषि-उपज कितनी है। लेकिन वैज्ञानिक व तकनीकी क्रान्ति का जो दौर अब शुरू हो गया है, वह निकट भविष्य में इस स्थिति को बदल देगा। किसी देश की उन्नतावस्था इस बात पर निर्भर करेगी कि उसकी ज्ञान-भंडार व ज्ञान-प्रसार की स्थिति किस कोटि की है। संसार के विकसित देशों में बड़ी तेजी से सूचना-उद्‌योगों का विकास हो रहा है।

शिक्षा के क्षेत्र में भयंकर तेजी से विस्तार हो रहा है। न केवल विद्यार्थियों और अध्यापकों की सख्या तेजी से बढ़ रही है, बल्कि पढ़ाए जानेवाले विषयों में और इनके ज्ञानायतन में निरन्तर वृद्धि हो रही है। बालक अक्सर शिकायत करते देखे जाते हैं कि बच्चों की किताबों की संख्या बढ़ रही है, बस्ते मोटे होते जा रहे हैं। यही रफ्तार कायम रही तो इक्कीसवीं सदी के विद्यार्थियों को कितने विषय पढ़ने होंगे, कितनी पुस्तक व कापियों को बोझ ढोना होगा? लगता है कि

इक्कीसवीं सदी का समाज मुख्य रूप से अध्यापकों और विद्यार्थियों का समाज होगा।

'प्रिये, रोओ मत। मैं एक साल में लौट आऊंगा।'

क्या ज्ञान-विस्तार के क्षेत्र की ये सारी बातें एक महाविस्फोट की स्थिति की द्योतक नहीं हैं? पाश्चात्य देशों के अनेक वैज्ञानिक-भविष्यवक्ता इस स्थिति को देखकर भविष्य के बारे में आतंकपूर्ण विचार व्यक्त करते हैं। वे इस बात पर ध्यान नहीं देते कि मानव जाति के इतिहास में जब-जब ऐसी विस्फोट स्थिति पैदा हुई है, तब-तब इसके उपाय भी खोजे गए हैं। उन्नीसवीं सदी के आरम्भकाल तक जागतिक स्तर पर परिवहन का प्रमुख साधन घोड़ा ही था। संसार में घोड़ों की संख्या भयंकर तेजी से बढ़ रही थी। आतंकपूर्ण भविष्यवाणियाँ की जा रही थीं कि 20वीं सदी में घोड़ों की संख्या 10 अरब पर पहुँच जाएगी और सारे लोगों को अस्तबलों की

देखभाल करने के अलावा और कोई काम नहीं रह जाएगा। लेकिन ऐसा कुछ नहीं हुआ। घोड़ों का स्थान रेलगाड़ियों, मोटरों और विमानों ने ले लिया।

यही स्थिति ज्ञान-भंडार और प्रसारण के क्षेत्र की होगी। अब हम देंखेगे कि टेलीविजन, कम्प्यूटर, फोटोग्राफी, इंटरनेट और अन्य अनेक साधन बढ़ते ज्ञानभंडार के भार को किस प्रकार वहन कर रहे हैं! सबसे पहले भविष्य के ग्रन्थालयों पर विचार कीजिए। माइक्रोफिल्मिंग की चर्चा हम कर चुके हैं। आज फोटोग्राफी की ऐसी सामग्री उपलब्ध है जिसके एक वर्ग-सेंटीमीटर स्थान में 30,000 शब्दों को अंकित किया जा सकता है। अब फोटोग्राफी के क्षेत्र में एक नया क्रान्तिकारी साधन प्राप्त हो गया है। यह है होलोग्रीफी। इसमें लेसर किरणों के जरिए हमें त्रिविमितीय चित्र प्राप्त होते हैं। इस साधन में संचय की इतनी क्षमता है कि मास्को के पूरे लेनिन ग्रन्थालय की सामग्री को एक अलमारी की फाइलों में भरा जा सकता है।

लेकिन भविष्य में ज्ञान-भंडार और इसके वितरण में सर्वाधिक इस्तेमाल होगा कम्प्यूटरों का। भविष्य का युग दरअसल कम्प्यूटरों और टेलीविजन-व्यवस्था का है। सूचना-प्रसारणों में आगे इन्हीं का सर्वाधिक उपयोग होगा। हम कल्पना कर सकते हैं कि निकट भविष्य में ही कम्प्यूटरों की संयुक्त सूचना-व्यवस्थाएँ अस्तित्व में आ जाएँगी। ये कम्प्यूटर जानकारी का संचय करेंगे, इसका विश्लेषण करेंगे, वर्गीकरण करेंगे और इसका वितरण करेंगे। इस व्यवस्था के जरिए लोग एक-दूसरे से सम्पर्क स्थापित करेंगे, मशीनों के साथ सम्पर्क स्थापित करेंगे, और मशीनें भी एक-दूसरे के साथ सम्पर्क स्थापित करेंगी। टेलीविजन इस प्रकार की व्यवस्था में बड़ा भारी योग देगा। इस प्रकार, धीरे-धीरे एक सार्वभौमिक सूचना-व्यवस्था

अस्तित्व में आ जाएगी। वैज्ञानिकों का अनुमान है कि 2,000 ई. तक त्रिविमितीय रंगीन टेलीविजन और कम्प्यूटरों पर आधारित ऐसी सार्वभौमिक सूचना-व्यवस्थाएँ अस्तित्व में आ रही हैं और आ जाएँगी।

और, भविष्य के समाचारपत्रों की क्या स्थिति होगी? निश्चय ही मुद्रण के अत्यन्त तीव्रगामी साधन अस्तित्व में आएँगे। फोटो-कम्पोजिंग मशीनें अस्तित्व में आ चुकी हैं। अब कम्पोजिंग में कम्प्यूटरों का भी उपयोग होने लगा है। ऐसे कम्प्यूटर अस्तित्व में आ चुके हैं जो एक घंटे में एक लाख पंक्तियाँ कम्पोज करने की क्षमता रखते हैं और इस प्रकार एक मिनट के भीतर पूरी बाइबल कम्पोज कर सकते हैं। अनेक वैज्ञानिकों का विश्वास है कि आज से करीब 50 साल बाद समाचार-पत्रों की छपाई सीधे ग्राहक के घर पर होगी।

आर्थर क्लार्क का मत है कि अगले कुछ दशकों में लोग अपने घरों में एक ऐसा डेस्क स्थापित करेंगे जिसमें एक टेलीविजन सेट, एक कैमरा, एक माइक्रोफोन, एक लघु कम्प्यूटर और एक ऐसा साधन होगा जो अपने-आप टाइप होनेवाले मैटर को पढ़ सकता है। इन साधनों से कोई भी व्यक्ति ऐसे किसी व्यक्ति के साथ सम्पर्क स्थापित कर सकेगा जिसके घर में ये साधन हों।

शिक्षा के क्षेत्र में भी बड़ा परिवर्तन होगा। हमारे देखते-देखते शिक्षा के क्षेत्र में टेलीविजन और कम्प्यूटरों का इस्तेमाल निरन्तर बढ़ता जा रहा है, विशेषतः विकसित देशों में। भविष्य में कम्प्यूटरों के 'राष्ट्रीय ज्ञान-भंडार' स्थापित होंगे। कोई भी विद्यार्थी इनका ग्राहक बन सकेगा। शिक्षा में सहयोग देनेवाली कई नई मशीनें अस्तित्व में आएँगी, नए तरह के शिक्षा-संस्थान अस्तित्व में आएँगे।

आज हमारे पढ़ने की रफ्तार बहुत धीमी है। लेकिन अब तेज

रफ्तार से पढ़ने के नए-नए तरीके खोजे जा रहे हैं। भविष्य में मुद्रण और चित्रण के ऐसे नए तरीके अस्तित्व में आएँगे जिनके जरिए हम कम समय में अधिक ज्ञान-सामग्री आत्मसात कर पाएँगे। भविष्य में हमारा शब्द-भंडार भी बढ़ेगा। लेकिन साथ ही कम-से-कम शब्दों में अधिक-से-अधिक जानकारी प्रस्तुत करने की व्यवस्थाएँ भी अस्तित्व में आएँगी। इस सन्दर्भ में यह स्मरण रखना जरूरी है कि जितने बड़े शब्द-भंडार से किसी शब्द का चयन होगा, उतना ही उस शब्द की जानकारी वहन करने का सामर्थ्य अधिक होगा।

आज दुनिया में सैकड़ों भाषाएँ हैं, दर्जनों लिपियाँ हैं। इनकी दिक्कतें सर्वविदित हैं। लेकिन भविष्य के वैज्ञानिकों को भाषा की कोई दिक्कत नहीं होगी। कम्प्यूटरों की मदद से वे कई भाषाओं में सम्पर्क स्थापित कर सकेंगे। अब ऐसे कम्प्यूटर भी अस्तित्व में आ रहे हैं जो एक भाषा से दूसरी भाषा में अनुवाद करते हैं।

कोई एक सार्वभौम भाषा के निर्माण के प्रयत्न पिछले अनेक दशकों से जारी हैं। भविष्य में ऐसी एक भाषा का अस्तित्व में आना अवश्यम्भावी है। आरम्भ में यह सार्वभौम भाषा एक सहायक भाषा के रूप में विकसित होगी और फिर धीरे-धीरे, इतिहास के लम्बे दौर में, समूची मानवजाति की आधारभूत भाषा बन जाएगी।

ऊपर हमने निरन्तर बढ़ती ज्ञानराशि के संचय और वितरण के बारे में भविष्य का एक आशावादी चित्र प्रस्तुत किया है। लेकिन हम यह भी जानते हैं कि सामाजिक, राजनीतिक व आर्थिक व्यवस्थाओं के कारण आज स्थिति क्या है। आज दुनिया के करीब 45 प्रतिशत प्रौढ़ लोग अशिक्षित हैं। दुनिया में 70 प्रतिशत लोग ऐसे हैं, जिन्हें यह जानने तक के साधन उपलब्ध नहीं हैं कि उनके अपने देश में क्या हो रहा है। शिक्षा के क्षेत्र में जो असमानता है, उसे सब जानते ही हैं।

सूचना-प्रसारण के रेडियो और टेलीविजन-जैसे जो नए साधन

अस्तित्व में आए हैं, उनकी व्यवस्था को भी हम जानते हैं। अमेरिका में ये साधन निजी व्यवसायों के कब्जे में हैं। वहाँ हालत यह है कि छोटे-छोटे बच्चे घंटों टेलीविजन के सामने पड़े रहते हैं, मार-काट भरी फिल्मों को देखते हैं। क्या हमारे देश में भी ज्यादातर लोग आज सिर्फ इसलिए टेलीविजन नहीं खरीदते कि फिल्में देखी जा सकें? **आर्थर क्लार्क** ने ठीक ही कहा है–"ईश्वर जिसे सजा देना चाहता है, उसके घर में एक टेलीविजन पहुँचा देता है।"

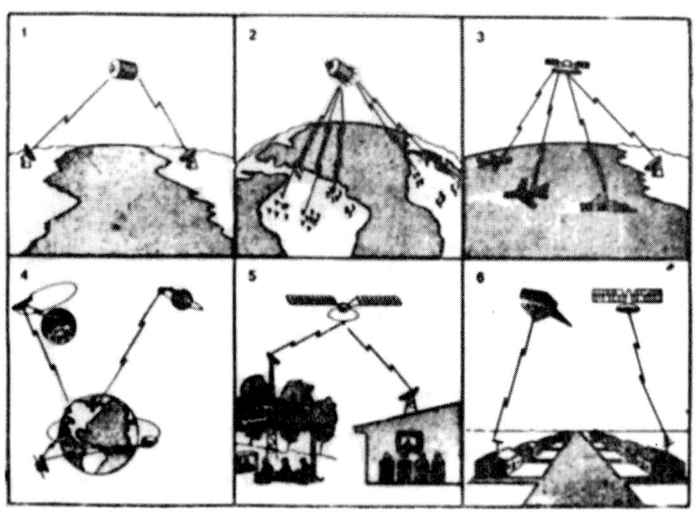

अन्तरिक्ष में स्थापित उपग्रह : संचार-व्यवस्था के शक्तिशाली साधन

यह एक बुनियादी तथ्य है, और इसके लिए इतिहास साक्षी है कि किसी भी युग में ज्ञान-प्रसार के सशक्त साधन शासक-वर्ग के हाथों में होते हैं और ये साधन शासक-वर्ग के विचारों का प्रचार करते हैं। लेकिन वैज्ञानिक और तकनीकी क्रान्ति का जो नया युग

शुरू हुआ है वह सामाजिक-आर्थिक व्यवस्था को भी अवश्य बदलेगा। सबके लिए समान सुविधाओं का युग अवश्य आएगा। तब मानव जाति की संचित ज्ञानराशि का उपयोग भी समुचित रूप में होगा।

भविष्य का युग निश्चय ही कम्प्यूटरों का युग होगा। कम्प्यूटरों का इस्तेमाल अब मानव-जीवन के विभिन्न व्यापारों में शुरू हो गया है। हाल के एक समाचार के अनुसार इंग्लैंड के एक कम्प्यूटर विशेषज्ञ ने अपने चार सप्ताह के बच्चे के लिए एक 'कम्प्यूटर-आया' का निर्माण किया है। हालाँकि यह कम्प्यूटर आया उस बालक को माँ-बाप जैसा प्यार नहीं दे सकती, पर यह उस बच्चे का मनोरंजन कर सकती है, उसे कहानी सुना सकती है, उसे अंग्रेजी, जर्मन व फ्रांसिसी भाषाएँ सिखा सकती है, लाइट बुझा सकती है, घर की रखवाली कर सकती है।

क्या-क्या काम करेंगे कम्प्यूटर-रोबोट?

रोबोट शब्द, जिसका अर्थ है यंत्र-मानव, अब दुनिया की सभी प्रमुख भाषाओं में प्रचलित हो गया है। सबसे पहले चेक-लेखक **कारेल चापेक** के एक नाटक–'रौस्सुम के सार्वभौमिक रोबोट'–में, जिसकी रचना 1920 में हुई, यह शब्द प्रयुक्त हुआ। रोबोट शब्द चैक भाषा के 'रोबोत' शब्द से बना है, जिसका अर्थ है 'अनिवार्य-सेवा'।

नाटक के कथानक के अनुसार, वैज्ञानिक रोस्सुम जैव-द्रव्य को संयोजित करने की एक विशिष्ट विधि की खोज करते हैं। उनके पुत्र, जो एक इंजीनियर हैं, इन यंत्र-मानवों, रोबोटों के निर्माण के लिए एक फैक्टरी की स्थापना करते हैं। मानव-जैसे ये रोबोट बुद्धि सम्पन्न होते हैं, स्मृतिधारक होते हैं, बलशाली होते हैं, परन्तु इनमें संवेदनशीलता नहीं होती। नाटक के प्रथम अंक में हम देखते हैं कि, रोबोट-फैक्टरी का जनरल-मैनेजर हेरी होमिन सारी दुनिया को अपने रोबोट बेचता है। वह घोषणा करता है।

"...दस साल के भीतर रोस्सुम के सार्वभौमिक रोबोट इतना अनाज पैदा करेंगे, इतना कपड़ा तैयार करेंगे, सब कुछ इतना अधिक उत्पन्न करेंगे कि चीजें लगभग मुफ्त मिलने लगेंगी। सारा काम ये यंत्र-मानव करेंगे। हर व्यक्ति चिन्ता से मुक्त हो जाएगा, श्रम की अधोगति से छुटकारा पा लेगा। हर कोई केवल अपने को सुधारने के लिए जीवित रहेगा।...यह सब होना अवश्यम्भावी है।"

दूसरे अंक में, दस साल के बाद, हम देखते हैं कि इस फैक्टरी में कुछ ऐसे रोबोट बनने लगे हैं जिनमें कुछ अतिरिक्त मानव-विशेषताएँ हैं, जैसे, पीड़ा को अनुभव करने की क्षमता। परन्तु ये नए किस्म के रोबोट सभी रोबोटों को मानव के खिलाफ संगठित करते हैं। ये रोबोट अब घोषणा करते हैं कि वे 'मानव से अधिक विकसित हैं, अधिक बलशाली हैं, अधिक बुद्धिमान हैं और मानव उनका पराश्रयी है।'

नाटक का अन्तिम अंक अत्यन्त दुखान्तक है—रोबोट हर मामले में मानव से उन्नत होते हैं। आलसी बन जाने के कारण मानव इन रोबोटों को नियंत्रण में नहीं रख पाते। अन्त में रोबोट विद्रोह करते हैं, धरती पर मानव के अस्तित्व को आवश्यक नहीं समझते और अपने निर्माताओं को नष्ट कर डालते हैं। बचा रहता है केवल आल्क्विस्ट नामक एक वास्तुकार।

जिस समय चापेक ने इस नाटक की रचना की थी उस समय इन रोबोटों का, 'यंत्रमानवों' का या 'बुद्धिसम्पन्न मशीनों' का कहीं कोई अस्तित्व नहीं था। इस प्रकार की मशीनें बनने लगी हैं पिछले करीब केवल तीन दशकों से, दूसरे महायुद्ध के बाद से। इन बौद्धिक मशीनों को हम कम्प्यूटर-रोबोट के नाम से जानते हैं।

पिछले तीन दशकों में तरह-तरह का काम करनेवाले रोबोटों का निर्माण हुआ है। इनकी क्षमता के दर्शन हम चन्द्रतल पर उतारे गए 'लूनाखोदों' में कर चुके हैं। पिछले केवल तीन दशकों में कम्प्यूटरों की चार पीढ़ियाँ अस्तित्व में आ चुकी हैं।

यहाँ वैज्ञानिक कथानक हमारा विषय नहीं है, फिर भी हम देखेंगे कि ये कथानक किस प्रकार का चित्र प्रस्तुत करते हैं, क्योंकि ये वैज्ञानिक कथाकार स्वयं वैज्ञानिक भी हैं। दूसरी बात यह है कि अधिकतर कथाकारों की तरह अनेक पाश्चात्य समाजशास्त्री और

कुछ विचारक भी इन स्वचालित यंत्रों के बारे में तथाकथित बौद्धिक यंत्रमानवों के बारे में, भयंकर आतंकवादी सम्भावनाएँ व्यक्त करते हैं। इन विचारों का असर जनसाधारण पर भी हुआ है।

यंत्र-मानव

अमेरिकी वैज्ञानिक **राबर्ट बोवी** सोचते हैं कि मानवजाति को सबसे बड़ा खतरा परमाणु-युद्ध से नहीं है, बल्कि एक-दूसरे से संयोजित कम्प्यूटरों से है। ये कम्प्यूटर अपने अस्तित्व की चेतना प्राप्त करेंगे, स्वयं अपना विकास करने लग जाएँगे। हम इन पर इतने अधिक अवलम्बित हो जाएँगे कि इन्हें निकम्मा नहीं कर पाएँगे। दूसरे कई पाश्चात्य विचारक भी इसी तरह सोचते हैं। इस विचार पर आधारित पिछले करीब तीन दशकों में लिखे गए वैज्ञानिक-कथानक और भी अधिक आतंक फैला रहे हैं।

अंग्रेज वैज्ञानिक कथाकर ब्रियान आल्डिस की एक कहानी है–'लेकिन मनुष्य का स्थान कौन ले सकता है?' जिसमें बहुत आगे कि दुनिया का चित्र प्रस्तुत किया गया है। सारा काम विभिन्न कोटि के रोबोटों के जरिए सम्पन्न होता है। एक बहुत बड़े कृषि-फार्म का समूचा संचालन सिर्फ रोबोटों के जिम्मे हैं। जमीन अनुपजाऊ बन गई है। आबादी बहुत घट गई है। आदमी केवल कुछ शहरों में देखने को मिलते हैं। और दिनोंदिन इनकी संख्या घटती जाती है। फिर वह दिन भी आता है जब शहरों के लगभग सारे आदमी खत्म हो जाते हैं। केवल रोबोट रह जाते हैं। रोबोट आजाद हो जाते हैं, और इनमें आपस में जंग छिड़ जाती है। कृषि-फार्म के रोबोट भी विद्रोह करते हैं, आजाद हो जाते हैं, भटकने लगते हैं, अन्त में बहुत-सारे नष्ट हो जाते हैं। कहानी का अन्त इस प्रकार होता है कि इनमें से कुछ बचे हुए रोबोटों को एक सुनसान गुफा से निकलता हुआ, क्षुधा से पीड़ित, एक नंगा आदमी दिखाई देता है, जो हुक्म देता है–'मेरे लिए भोजन जुटाओ।' और सभी रोबोट आदेश का पालन करने में जुट जाते हैं।

आइजक ऐसिमोव अपने वैज्ञानिक-कथानकों की रचना काफी जिम्मेदारी के साथ करते हैं। उनकी एक प्रसिद्ध वैज्ञानिक-कथा है–

'लेनी', एक यंत्र बालिका। एसिमोव शुरू में ही कथा का निचोड़ प्रस्तुत करते हैं–'अमेरिका की रोबोट और यांत्रिक-मानव कम्पनी के सामने एक समस्या आ खड़ी हुई। समस्या थी–लोग।' दरअसल, यह एक पूँजीवादी समाज-व्यवस्था की समस्या है। एसिमोव इस कथानक में रोबोटों के बारे में तीन सिद्धान्त प्रस्तुत करते हैं–

1. सम्भव नहीं है कि कोई रोबोट किसी आदमी को क्षति पहुँचाए, नाकि बिगड़कर मानव का नुकसान करे।
2. रोबोट को मानव द्वारा दिए गए आदेशों का अवश्य पालन करना होगा, बशर्ते कि जहाँ ऐसे आदेश प्रथम नियम का खंडन न करें।
3. रोबोट के लिए यह जरूरी है कि वह अपने अस्तित्व की तब तक रक्षा करें जब तक यह रक्षा पहले और दूसरे नियम का खंडन नहीं करती।

आर्थर क्लार्क भी यही सोचते हैं कि हमें बौद्धिक मशीनों से कोई खतरा नहीं है। वह भविष्य के बारे में कल्पना करते हैं कि 'बौद्धिक-मशीनों के इस्तेमाल से मानव-मस्तिष्क को अधिक जटिल प्रश्नों पर विचार करने के लिए, अधिक जटिल सृजनात्मक कार्य करने के लिए, पर्याप्त समय प्राप्त होगा। सुदूर भविष्य में नियंत्रण-विज्ञान के विकास का चित्र प्रस्तुत करते हुए वे कहते हैं कि 'बौद्धिक-यंत्र' 'बौद्धिक-मानव' के मित्र बन जाएँगे, क्योंकि अधिक बुद्धिवाले के साथ ही सहयोग करने की हमारी प्रवृत्ति होती है।

पर पाश्चात्य देशों में विचारकों का एक ऐसा भी बड़ा वर्ग है जो सोचता है कि ये बौद्धिक मशीनें मानव को निकम्मा बना देंगी, मानव को ही अपना दास बना लेंगी। उदाहरण के लिए अंग्रेज समाजशास्त्री **पी. क्लिएटर** अपनी आतंकजनक पुस्तक 'रोबोट-युग' में भविष्य का एक भयावह चित्र प्रस्तुत करते हैं—सब-कुछ प्रचुर मात्रा में उपलब्ध होगा और करने को बहुत कम रह जाएगा, इसलिए लोग घोर आलसी बन जाएँगे। उनकी काम करने की आदत छूट जाएगी, साथ ही सोचने की शक्ति भी समाप्त हो जाएगी। वे पराश्रयी बन जाएँगे। मूर्खों और पंगुओं की संख्या तेजी से बढ़ती जाएगी। मानव के सभी कार्य धीरे-धीरे रोबोट करने लग जाएँगे। अन्त में रोबोट चेतना प्राप्त करेंगे, और मानव के नियंत्रण से मुक्त हो जाएँगे।

अब तक जिन मशीनों को लेकर हमने चर्चा की है वे एक नए किस्म की मशीनें हैं, 'बौद्धिक मशीनें हैं, मानव के बौद्धिक श्रम की जिम्मेदारी सँभालनेवाली स्वचालित मशीनें हैं। लेकिन मानव और मशीन का सम्बन्ध बहुत पुराना है। आदिम मानव ने पशुओं और पक्षियों को पकड़ने के लिए जिन फन्दों का आविष्कार किया था वे एक प्रकार की मशीनें ही थीं। प्राचीन-मानव ने अपने शारीरिक-श्रम

को कई गुना बढ़ाने के लिए नाना प्रकार के जिन हथियारों और औजारों का आविष्कार किया, वे भी मशीन ही हैं। इस प्रकार की मशीनों का दौर बहुत लम्बे समय तक चला–आधुनिक काल तक। फिर अभी करीब दो सौ साल पहले, यूरोप में औद्योगिक क्रान्ति के दौरान, यंत्रों का युग शुरू हुआ। ये यंत्र भी मानव के शारीरिक श्रम को ही बहुगुणित करने के लिए थे। परन्तु जिन यंत्रों का युग शुरू हुआ। ये यंत्र भी मानव के शारीरिक श्रम को ही बहुगुणित करने के लिए थे। परन्तु जिन यंत्रों की हम यहाँ चर्चा कर रहे हैं और जिनके भविष्य का पूर्वाभास प्रस्तुत कर रहे हैं वे एक नितान्त नए किस्म के यंत्र हैं, स्वचालित यंत्र हैं, मानव के बौद्धिक श्रम में सहयोग देनेवाले यंत्र हैं। इन 'बौद्धिक यंत्रों' का विकास प्रमुख रूप से पिछले चार दशकों में ही हुआ है।

ऐसी बौद्धिक मशीनों का निर्माण दूसरे महायुद्ध के दौरान शुरू हुआ, अमेरिका में, प्रमुख रूप से सैनिक आवश्यकताओं के लिए।

अब हमारे समय में कम्प्यूटरों की एक नई पीढ़ी–पाँचवीं पीढ़ी–जन्म ले रही है। इसमें बृहद् अंगीभूत परिपथों का इस्तेमाल होता है। ऐसे कम्प्यूटर एक सेकंड में कई अरब परिकर्म करने में समर्थ होंगे।

परन्तु अभी हम कम्प्यूटरों के चरम विकास पर नहीं पहुँचे हैं। इलेक्ट्रॉनिक कम्प्यूटरों से आगे बढ़कर अब लेसर योजना पर आधारित कम्प्यूटरों के बारे में गम्भीरता से सोचा जा रहा है। तन्तु काँच का इस्तेमाल करके ऐसे लेसर साधन तैयार किए जा सकते हैं जो मस्तिष्क की तांत्रिक कोशिकाओं के सिद्धान्त पर काम करते हैं। ऐसे कम्प्यूटरों का स्मृतिकोश 'चित्रों' पर आधारित होगा, और यह पाँच लाख ग्रन्थों की जानकारी को संचित रखने में समर्थ होगा।

आगे किस प्रकार के कम्प्यूटर अस्तित्व में आएँगे? इनके अधिकाधिक छोटे होते जाने की, इनके विकास की, क्या कोई सीमा

भी है? प्रकाश के वेग की सीमा—एक सेकंड में, 3,00,000 किलोमीटर—क्या इनके विकास के मार्ग में बाधक नहीं बनेगी? नहीं ऐसी कोई सम्भावना नहीं है। भविष्य में ऐसी लेसर मशीनें बनाई जाएँगी जिनमें प्रकाश को कम-से-कम दूरी तय करनी पड़े। कल्पना की जा सकती है कि ऐसे साधन गोलाकार होंगे, क्योंकि समान आयतन के सभी पिंडों में गोल ही एक ऐसा पिंड है जिसमें न्यूनतम सतह-क्षेत्र होता है।

भविष्य के कम्प्यूटर क्या रूप धारण करेंगे, इसकी कल्पना करना आज सहज सम्भव नहीं है। लेकिन इतना निश्चित है कि इनका विकास मानव-मस्तिष्क का अनुकरण करने की दिशा में होगा। इतना ही नहीं, भविष्य के ये कम्प्यूटर अपने स्मृतिकोशों में अधिक जानकारी संचित रखने में और अधिक तेजी से सोचने में, जटिलतम गणनाएँ करने में समर्थ होंगे। वस्तुतः इन कम्प्यूटरों में अब तक का समस्त मानवज्ञान संचित करना सम्भव होगा। ऐसे कम्प्यूटर 'यंत्र-मानव' की किस अवस्था पर पहुँचेंगे, यह आज वैज्ञानिक-कथाओं का विषय है।

कम्प्यूटर या 'बौद्धिक यंत्र' एक नए युग की उपज हैं। यह युग है विज्ञान और तकनीकी क्रान्ति का युग, जिसकी शुरुआत दूसरे महायुद्ध के समय से हुई, संसार के विकसित देशों में। इसलिए इस युग की तकनीकी उपलब्धियों के प्रभाव अभी विकसित देशों में ही कुछ स्पष्ट रूप से लक्षित होने लगे हैं। सोवियत संघ, जापान और अमेरिका में कम्प्यूटरों का इस्तेमाल विविध क्षेत्रों में होने लगा है। आधुनिक कम्प्यूटरों के बिना अन्तरिक्ष-यात्राएँ सम्भव नहीं होतीं, मानव का चन्द्रमा पर उतरना कदापि सम्भव न होता। आज बैकों में, शिक्षा के क्षेत्र में, हवाई यातायात के क्षेत्र में, चिकित्सा के क्षेत्र में, और अन्य अनेक क्षेत्रों में कम्प्यूटरों का इस्तेमाल हो रहा है। चुनाव और जन-गणना में इनका इस्तेमाल होता है।

अब ऐसे कम्प्यूटर भी अस्तित्व में आ रहे हैं जो एक भाषा का दूसरी भाषा में अनुवाद करते हैं। भविष्य में कम्प्यूटरों की जागतिक भाषा निश्चय ही अस्तित्व में आ जाएगी।

डेनमार्क में 1968 में संसार के कम्प्यूटर-विशेषज्ञों का एक सम्मेलन हुआ था। इसमें पूर्वानुमान प्रस्तुत किया गया था कि 2000 ई. तक कम्प्यूटरों का दुनिया पर क्या प्रभाव पड़ेगा। निश्चय ही यह पूर्वानुमान विकसित देशों के लिए था। इस पूर्वानुमान के अनुसार, 2000 ई. तक सभी प्रमुख उद्योग कम्प्यूटर की नियंत्रण प्रक्रिया द्वारा स्वचालित होंगे। बैंकों का कार्य पूर्ण रूप से कम्प्यूटरों द्वारा संचालित होगा। वर्तमान सदी के अन्तिम दशक में अधिकांश चिकित्सक रोग-निदान के लिए कम्प्यूटरों की मदद लेंगे। वर्तमान दशक में ही लेसर पूँज पर आधारित कम्प्यूटर अस्तित्व में आ जाएँगे। इक्कीसवीं सदी में वर्तमान उद्योगों की श्रमिक शक्ति में 50 प्रतिशत कटौती हो जाएगी। इस कटौती की आंशिक क्षतिपूर्ति होगी काम के कम घंटों से और नए उद्योगों से, जिनमें इन स्थानापन्न श्रमिकों को स्थान मिलेगा।

टेकनोलॉजी के मामले में आज विकसित देशों में और भारत-जैसे विकासशील देशों में काफी बड़ा अन्तर है। फिर भी, दुनिया इतनी तेजी से आगे बढ़ रही है कि समय के विस्तार में यह अन्तर 10-15 वर्षों से अधिक का नहीं है। अतः कम्प्यूटरों के मामले में विकसित देशों के लिए जो पूर्वानुमान प्रस्तुत किए जाते हैं वे करीब एक-दो दशक के अन्तर से विकसित देशों पर भी अवश्य लागू होंगे।

सारे सौर-मंडल में मानव का फैलाव

सभी युगों में और प्रायः सभी देशों के लोक-साहित्य में आकाशयात्रा की कथाएँ प्रचलित रही हैं। परन्तु ये कथाएँ वास्तविकता बनीं बीसवीं सदी के उत्तरार्द्ध में, पिछले करीब पच्चीस वर्षों में। वर्तमान सदी के आरम्भकाल तक किसी को भी इस बात की कल्पना नहीं थी कि केवल राकेटयान ही अन्तरिक्ष में यात्रा कर सकता है और राकेट ही एकमात्र ऐसा साधन है जो निर्वात अन्तरिक्ष में भी यात्रा कर सकता है।

रूसी वैज्ञानिक कोन्स्तान्तिन त्सिओल्कोवस्की पहले व्यक्ति हैं, जिन्होंने 1903 में प्रकाशित अपनी गवेषणाओं में अन्तरिक्षयात्रा के वैज्ञानिक सिद्धान्त प्रतिपादित किए और सिद्ध किया कि केवल राकेटयान से ही निर्वात अन्तरिक्ष की यात्रा सम्भव है।

संसार का पहला कृत्रिम उपग्रह कक्षा में स्थापित करने में और पहले मानव यूरी गगारिन—को अन्तरिक्ष में भेजने में सफलता मिली सोवियत संघ के वैज्ञानिक को। अन्तरिक्ष-अनुसन्धान की शुरुआत हुए मुश्किल से चार दशक हुए हैं, परन्तु इतनी अल्पावधि में ही कितना-कुछ हो चुका है। एक दर्जन अन्तरिक्ष यात्रियों को चन्द्रमा पर उतार कर वहाँ से सुरक्षित वापस लाया गया है। चन्द्रमा पर 'लूनाखोद'-जैसी स्वचालित गाड़ियाँ उतारी गई हैं। चन्द्रतल की मिट्टी धरती पर लाकर उसकी वैज्ञानिक जाँच-पड़ताल की गई है।

शुक्र और मंगल-जैसे पड़ोसी ग्रहों पर कई सारे स्वचालित यंत्र-उपकरण उतारे गए हैं। वृहस्पति और शनि की कक्षाओं तक भी स्वचालित यान पहुँच चुके हैं। ऐसे स्वचालित यान भी धरती से प्रेषित कर दिए गए हैं जो सौर-मंडल के अन्तिम ग्रह प्लूटो की कक्षा को पार करके सुदूर अन्तरिक्ष में पहुँच गए। करीब बीस साल की अल्प कालावधि में ही कई हजार कृत्रिम उपग्रह विभिन्न पार्थिव कक्षाओं में स्थापित किए गए हैं। अन्तरिक्ष प्रयोगशालाएँ अस्तित्व में आ चुकी हैं। करीब छह माह तक अन्तरिक्ष में मानव के निवास का रिकार्ड स्थापित हो चुका है। पार्थिव अन्तरिक्ष में स्थायी अन्तरिक्ष-स्टेशनों की स्थापना में अब बहुत अधिक देर नहीं है। इन अन्तरिक्ष-स्टेशनों तक आने-जाने के लिए अन्तरिक्ष शटलों का निर्माण किया गया है।

पार्थिव कक्षाओं में स्थापित किए गए उपग्रहों के कारण संचार-व्यवस्था में क्रान्तिकारी परिवर्तन हुआ है। सबसे पहले 1945 में आर्थर क्लार्क ने संचार उपग्रहों की धारणा प्रतिपादित की थी। आज इन कृत्रिम उपग्रहों की बदौलत टेलीफोन व टेलीविजन-जैसे संचार के साधन न केवल सार्वदेशिक बल्कि सार्वभौम बन गए हैं। मौसम-विज्ञान में कृत्रिम उपग्रहों का अधिकाधिक इस्तेमाल हो रहा है। इसी प्रकार धरती की खनिज-सम्पदा, जल-सम्पदा, कृषि-सम्पदा आदि के अध्ययन के साथ-साथ कई सारे नए विज्ञान अस्तित्व में आए हैं—अन्तरिक्ष-रसायन, अन्तरिक्ष-जैविकी, अन्तरिक्ष-तकनालोजी, आदि।

अब हमारे सामने सवाल है—अन्तरिक्ष-अनुसन्धान के क्षेत्र में पिछले चालीस वर्षों में इतना-कुछ हुआ है, तो अगली सदी के मध्यकाल तक कितना-कुछ होना सम्भव है? इसी का पूर्वानुमान हमें प्रस्तुत करना है।

भविष्य में अंतरिक्ष में स्थापित होनेवाली एक मानव-बस्ती की कल्पना

लेकिन अन्तरिक्ष-अनुसन्धान के क्षेत्र का पूर्वानुमान प्रस्तुत करने में एक कठिनाई सामने आती है। अन्तरिक्ष यात्राओं के बारे में कल्पित वैज्ञानिक कथानक पहले भी लिखे गए थे, पर पिछले करीब पच्चीस वर्षों में इतने अधिक कल्पित कथानक लिखे गए हैं और इतने अधिक पढ़े जाते हैं कि उनके सामने निकट भविष्य का कोई भी पूर्वाभास अत्यन्त फीका नजर आता है। आज स्थिति यह है कि खगोल-विज्ञान के क्षेत्र में कोई भी नई महत्त्व की सूचना प्राप्त होते ही उसका उपयोग करके दर्जनों कल्पित कथानकों की रचना शुरू हो जाती है। 'ब्लैक होल' की सैद्धान्तिक चर्चा शुरू होते ही कल्पित कथाकारों ने 'ब्लैक होल' की दुनिया के बारे में वैज्ञानिक कथाओं की

रचना शुरू कर दी। दूर के ग्रहों के तरह-तरह के प्राणियों के बारे में तो पता नहीं कितने वैज्ञानिक कथानकों की रचना हुई है। अब तो ऐसा लगता है कि निकट भविष्य में किसी दूर के जगत के प्राणियों के साथ हमारे सम्बन्ध स्थापित होते हैं तो वैज्ञानिक-जगत में ही थोड़ा तहलका मचेगा, जनमानस इसके लिए पहले से तैयार है।

फिर भी हम जानते हैं कि वास्तविकता कल्पना से अधिक रोमांचक होती है। अभी हमने अन्तरिक्ष में अपना पहला कदम रखा है, पृथ्वी के वातावरण से बाहर निकलकर सबसे नजदीक के पिंड की यात्रा करने में सफलता प्राप्त की है। लेकिन विश्व बहुत बड़ा है। प्रकाश की किरणों को चन्द्रमा तक पहुँचने में सिर्फ सवा सेकंड लगता है, सौर-मंडल के अन्त में प्लूटो तक पहुँचने में करीब साढ़े पाँच घंटे लगते हैं। लेकिन आज खगोलविद् ब्रह्मांड में ऐसी ज्योतियों की खोज कर चुके हैं जिनके प्रकाश को हम तक पहुँचने में करीब 12 अरब साल लगते हैं। आकाश का सबसे नजदीक का तारा हमसे करीब चार प्रकाश-वर्ष दूर है। अर्थात् यदि प्रकाश की गति से यात्रा करना सम्भव हो तो उस तारे तक पहुँचने में चार साल लगेंगे–प्रकाश की गति है एक सेकंड में 300,000 किलोमीटर।

आगे के दो दशकों में डेढ़-दो सौ किलोमीटर ऊपर की कक्षाओं में स्थायी अन्तरिक्ष स्टेशन अवश्य स्थापित किए जाएँगे। धरातल के अध्ययन में ये स्थायी स्टेशन बड़े उपयोगी सिद्ध होंगे। इनमें कुछ विशिष्ट उद्योग भी स्थापित किए जा सकते हैं। इनके जरिए संचार-साधनों में भी बड़ा सुधार होगा। आज जिन राकेटों का इस्तेमाल होता है, वे एक बार के प्रयोग के बाद बेकार हो जाते हैं। पर अब ऐसे अन्तरिक्ष शटलों का निर्माण हो गया है जो अन्तरिक्ष-स्टेशन तक यात्रियों तथा सामान को ले जाएँगे और सुरक्षित धरती पर वापस लौटेंगे। अन्तरिक्ष-स्टेशनों का विशेष महत्त्व इसलिए भी है कि डेढ़-दो

सौ किलोमीटर की ऊँचाई से अन्तरिक्ष यानों को चन्द्रमा या दूसरे ग्रहों की ओर प्रेषित करने में अधिक कठिनाई नहीं है।

इस प्रकार हम कल्पना कर सकते हैं कि आगे के तीन-चार दशकों के भीतर पार्थिव कक्षा में काफी बड़े अन्तरिक्ष-स्टेशन अस्तित्व में आ जाएँगे। नए किस्म के राकेटयान धरती से आदमियों और सामान को इन स्टेशनों तक पहुँचाएँगे और वहाँ से वापस लौटेंगे। इन अन्तरिक्ष-स्टेशनों से ही आगे चन्द्रमा तथा दूसरे मंगल ग्रहों की ओर नाभिकीय या आयन-राकेटयान भेजे जाएँगे।

चन्द्रमा पर अन्तरिक्ष यात्रियों को उतारा गया है, उन्हें सुरक्षित वापस लाया गया है, चन्द्रतल पर यंत्रों के जरिए चन्द्रतल की मिट्टी को भी धरती पर लाया गया है। इसलिए काफी अधिक धन खर्च करके आज भी चन्द्रमा पर कुछ व्यक्तियों के लिए लगभग स्थायी निवास के साधन जुटाए जा सकते हैं। चन्द्रमा पर जल नहीं, वायुमंडल नहीं, पर आधुनिक तकनालाजी के जरिए चन्द्रमा पर विद्युत पैदा करने में, ऑक्सीजन व पानी का निर्माण करने में, कोई कठिनाई नहीं है। फिर भी अब लगता है कि इक्कीसवीं सदी में चन्द्रमा पर चन्द आदमियों के स्थायी निवास के लिए अड्डे स्थापित करना सम्भव होगा।

अमेरिका और सोवियत संघ ने मंगलतल पर स्वचालित उपकरण उतारे हैं, और इस ग्रह के बारे में काफी जानकारी प्राप्त की है। सोवियत वैज्ञानिकों का मत है कि आदमी को मंगल पर उतारना अब सम्भव हो गया है। दरअसल, पृथ्वी के सापेक्ष मंगल की एक विशिष्ट स्थिति में ही अन्तरिक्षयान को वहाँ भेजना उपयोगी होता है। शुक्र ग्रह पर भी स्वचालित यंत्र-उपकरण उतारे गए हैं, परन्तु इस ग्रह के बारे में अभी उतनी ठोस जानकारी नहीं मिली है, जितनी कि मंगल के बारे में मिली है। शुक्र की परिस्थितियाँ भी बड़ी कठोर हैं, इसलिए

निकट भविष्य में शुक्रतल पर आदमी के उतरने की कोई सम्भावना नहीं है।

मंगल के परे हजारों लघुग्रहों की कक्षाएँ हैं और उनके परे वृहस्पति की कक्षा है। धरती से भेजे गए 'पायोनियर' और 'वायजर' नामक स्वचालित अन्तरिक्षयान इन सब को पार करके आगे बढ़ गए हैं। बृहस्पति सौर-मंडल का सबसे बड़ा ग्रह है, इसलिए भविष्य की अन्तरिक्ष यात्राओं में इस ग्रह का बड़ा महत्त्व है। सीधे इस ग्रह पर उतरना आज सम्भव नहीं है, पर इस ग्रह के बड़े चन्द्रमाओं पर उतरा जा सकता है। अनुमान है कि अगली सदी के पहले दशक में मानवयुक्त अन्तरिक्षयानों को वृहस्पति के बड़े चन्द्रों पर उतारना सम्भव होगा।

वृहस्पति के आगे शनि, यूरेनस, नेपच्यून और प्लूटो हैं। प्लूटो हमसे करीब 595 करोड़ किलोमीटर दूर हैं। किसी यान को यदि 16.7 किलामीटर प्रति सेकंड का पलायन-वेग प्रदान किया जाए तो भी उसे प्लूटो तक पहुँचने में करीब 20 साल लगेंगे। अतः इस बात की कोई सम्भावना प्रतीत नहीं होती कि आगे के तीन-चार दशकों में मानव को प्लूटो पर उतारा जाएगा। लेकिन इतना लगभग निश्चित है कि 2050 तक सौर-मंडल के प्रायः सभी पिंडों की गहरी छानबीन होगी। प्रायः सभी पिंडों पर स्वचालित यान या रोबोट उतारे जाएँगे। इस बीच यदि नए शक्तिशाली राकेट-साधन खोजे जाते हैं, तो अगली सदी के मध्यकाल तक धरती का मानव अपने पूरे सौर-मंडल की गहरी छानबीन कर लेगा।

इस बीच सौर-मंडल के आगे के अन्तरिक्ष में बहुत सारे स्वचालित यान भेजे जाएँगे और समीप के अन्तरनक्षत्रीय वातावरण के बारे में काफी नई जानकारी एकत्र होगी। हम बता चुके हैं कि सबसे नजदीक का तारा हमसे करीब चार प्रकाश वर्ष दूर है। आइन्स्टाइन के सापेक्षवाद का एक निष्कर्ष यह है कि जो यान जितने

अधिक वेग से यात्रा करेगा, उसमें समय उतनी ही धीमी गति से गुजरेगा। किसी पिंड को प्रकाश के वेग से गतिमान बनाना तो सम्भव नहीं है, पर प्रकाश के काफी नजदीक का वेग प्रदान करके दूर के तारों की यात्राओं के समय में काफी कटौती की जा सकती है। समय की यह कटौती भी उन्हीं के लिए होगी जो स्वयं यात्रा करते हैं, धरती के निवासियों के लिए नहीं होगी। दरअसल, तारों तक की यात्राओं के लिए आज हमारे पास साधन नहीं हैं और निकट भविष्य में ऐसे साधन उपलब्ध होंगे, इसकी कोई आशा भी नहीं है। तारों की यात्राएँ कल्पना की कोटि की हैं, वैज्ञानिक कथानकों का ही विषय हैं। लेकिन असम्भव कुछ भी नहीं है—यहाँ तक कि प्रकाश के वेग से भी अधिक वेग प्राप्त करना सैद्धान्तिक दृष्टि से असम्भव नहीं है। सापेक्षवाद से सिर्फ इतनी ही जानकारी मिलती है कि किसी पिंड को प्रकाश का वेग प्रदान करना सम्भव नहीं है—प्रकाश के वेग से ऊँचे वेग के अस्तित्व के बारे में सापेक्षवाद मौन है।

सौर-सेलों से सूरज की ऊर्जा को बिजली में बदला जा सकता है।

दूसरी दुनियाओं के प्राणियों के साथ सम्पर्क स्थापित करने की दिशा में भी अब प्रयास शुरू हो गए हैं। अमेरिका ने सौर-मंडल के बाहर एक ऐसा स्वचालित यान भेजा है जिसके साथ पृथ्वी के मानव के बारे में जानकारी देनेवाली एक प्लेट जुड़ी हुई है। अनेक वैज्ञानिकों को विश्वास है कि यदि समीप के कुछ तारों के आसपास हमसे अधिक विकसित प्राणियों का अस्तित्व है, तो वे निश्चय ही अपने बारे में सूचनाएँ अन्तरिक्ष में निरन्तर प्रेषित कर रहे होंगे। ऐसी सम्भावित सूचनाओं की खोज अब शुरू हो गई है।

अन्तरिक्ष-अनुसन्धान का युग शुरू होने के बाद से अनेक वैज्ञानिक, विशेषतः पाश्चात्य देशों के भविष्यवक्ता-वैज्ञानिक, धरती की हर कठिनाई का हल वाह्य अन्तरिक्ष में खोजने लगे हैं। जैसे, बढ़ती आबादी का हल है सौर-मंडल के ग्रहों को आबाद करना। ऊर्जा के संकट का हल है चन्द्रमा पर ऊर्जा एकत्र करके उसे धरती पर प्रेषित करना। परमाणु-ईंधनों की खतरनाक रेडियोधर्मी राख को सुरक्षित दफनाने का हल है उसे किसी दूसरे ग्रह पर स्थानान्तरित करना आदि। लेकिन हर समस्या के समाधान के लिए अन्तरिक्ष की ओर देखना ठीक नहीं है। धरती की अनेक समस्याएँ, खासकर सामाजिक, राजनीतिक व आर्थिक भेदभाव से जनित समस्याएँ—हमें इसी धरती पर सुलझानी होंगी।

यह निश्चित है कि इक्कीसवीं सदी में समूचा सौर-मंडल मानव का विचरण-क्षेत्र बन जाएगा।

जीव-जगत की नस्लों में होगा सुधार

क्या आप जानते हैं कि 'जीन' क्या चीज है? निश्चय ही इधर के कुछ वर्षों में बहुतों ने यह शब्द सुना होगा, बहुतों को जीन के बारे में व्यापक जानकारी भी होगी। पर हम यकीन के साथ कह सकते हैं कि यह शब्द अभी उतना प्रचलित नहीं हुआ है, जितना कि 'एटम' या 'परमाणु' शब्द। फिर भी वास्तविकता यह है कि यह शब्द मानव जाति के भविष्य की दृष्टि से परमाणु शब्द से कहीं अधिक महत्त्वपूर्ण बन गया है और कहीं अधिक महत्त्वपूर्ण भूमिका अदा करने जा रहा है। इसका अन्दाजा इसी बात से लग जाएगा कि बहुत-से जीव-वैज्ञानिक इस जीन शब्द के सन्दर्भ में भविष्य में 'जैविकीय हिरोशिमा' के घटित होने की सम्भावना व्यक्त करते हैं।

जीन शब्द अत्यन्त महत्त्वपूर्ण होने पर भी परमाणु की तरह सर्व-व्यापक नहीं बना है, तो इसका एक कारण यह है कि परमाणु शब्द कम-से-कम दो हजार साल पुराना है, भले ही परमाणु की खोज, इसका विखंडन और इसके भीतर निहित ऊर्जा का उद्घाटन वर्तमान सदी में हुआ हो। दूसरी ओर जैवगुणों की मूलभूत इकाई के अर्थ में जीन शब्द, जो यूनानी व्युत्पत्ति का है, वर्तमान सदी के आरम्भिक दशक में गढ़ा गया है। परन्तु कोशिका के भीतर के क्रोमोसोमों में अन्तर्निहित जीनों के बारे में सही जानकारी हमें पिछले करीब दो दशकों में ही प्राप्त हुई हैं। सरल शब्दों में हम कह

सकते हैं कि जीन विशिष्ट आणविक संरचनाएँ हैं और समस्त जीव-जगत के लिए आनुवंशिकता की मूलभूत इकाइयाँ हैं। इन्हीं जीनों के जरिए माता-पिता के गुण—सभी दैहिक विशेषताएँ—सन्तति में अवतरित होती हैं। ये जीन डी.एन.ए. नामक अम्ल के अंग होते हैं। डी.एन.ए. विशिष्ट प्रकार के अणु हैं जो कोशिका के क्रोमोसोमों के घटक होते हैं। इस प्रकार जीन भौतिक अणुओं के विशिष्ट संयोजन हैं, आनुवंशिक गुणों के संवाहक हैं। प्रत्येक विशिष्ट गुण के लिए एक विशिष्ट जीन होती है, इसलिए दो भिन्न गुणों को सूत्रबद्ध करनेवाली जीन भी भिन्न-भिन्न होती है। संक्षेप में, समस्त जीव-जगत के समस्त विभेद इन्हीं जीनों द्वारा निर्धारित हैं।

इस प्रकार पहली बार वैज्ञानिकों ने उस जैव-इकाई की खोज की है जो आनुवंशिक गुणों को निर्धारित करती है। इतना ही नहीं, अब वैज्ञानिक इन जीनों में रद्दोबदल करने में भी सफलताएँ प्राप्त कर रहे हैं। अन्य शब्दों में, आनुवंशिक गुणों में परिवर्तन करना सम्भव है। इस विषय का एक नया विज्ञान ही अस्तित्व में आ गया है—आनुवंशिक इंजीनियरी। इसी नए विषय को लेकर तरह-तरह की भयावह आशंकाएँ व्यक्त की जा रही हैं। आणविक जैविकी क्षेत्र के अनुसन्धान परमाणु-ऊर्जा के सवाल से कहीं अधिक चिन्ता का विषय बनते जा रहे हैं।

जैसा कि हम बता चुके हैं जीन डी.एन.ए. नामक अम्ल के खंड होते हैं और प्रत्येक जीन का सम्बन्ध एक विशिष्ट एन्जाइम-प्रोटीन से होता है। जीव-जगत के आनुवंशिक विकास में इन एन्जाइम-प्रोटीनों का बड़ा महत्त्व है। जब किसी कोशिका का विभाजन होता है तो डी.एन.ए. अणुओं का विभाजन होता है। दरअसल, इस प्रक्रिया में दोहरे अणु पैदा हो जाते हैं और इनमें से प्रत्येक अणु

आनुवंशिकता के सूत्रबद्ध गुणों की प्रतिकृति को ग्रहण करता है। इससे स्पष्ट होता है कि यदि कोई जीव-वैज्ञानिक किसी जीव में नए आनुवंशिक गुण आरोपित करना चाहता है तो उसे उस जीव में नए

सम्भव है जीवन की इस कुंडली (डी.एन.ए. अणु) में इच्छानुसार रद्दोबदल करना

गुणों वाले जीन आरोपित करने होते हैं। सरल शब्दों में यदि किसी जीव में कोई नई आनुवंशिक विशेषता आरोपित करनी हो तो उस जीव के डी.एन.ए. अणुओं में नए गुणवाला जीन रोपित कर दीजिए। जो नया जीव जन्म लेगा, उसमें वह नया गुण प्रकट हो जाएगा।

आनुवंशिक इंजीनियरी वह प्रायोगिक विज्ञान है जो सूक्ष्म कीटाणुओं, वनस्पतियों और पशुओं में आनुवंशिक गुणों की योजनाओं को आरोपित करता है। दरअसल मनुष्य हजारों सालों से संकरण व चयन द्वारा नई नस्ल के पालतू पशु पैदा करता आया है, नई नस्ल के पेड़-पौधे पैदा करता आया है। परन्तु आनुवंशिक इंजीनियरी इससे भिन्न चीज है। इसमें प्रयोगकर्त्ता आनुवंशिक पदार्थ को कृत्रिम रूप से तैयार करता है और फिर इसके आधार पर नए जीवों को पैदा करने का प्रयत्न करता है।

पिछले करीब तीन दशक से इस क्षेत्र में बड़ी सफलताएँ मिली हैं। 'वैस्सिलस कोलाई' नामक सूक्ष्म जीवाणु को लेकर आनुवंशिक इंजीनियरी के अनेक प्रयोग हुए हैं और इनमें सफलताएँ मिली हैं। दो पृथक जीनों का पुनर्संयोजन अब एक सम्भव बात हो गई है। इस प्रकार के पुनर्संयोजन से ऐसे जीवाणु प्राप्त किए जा सकते हैं जो आनुवंशिक गुणों की दृष्टि से भिन्न होते हैं यानी बिल्कुल भिन्न व नए जीव होते हैं। फिलहाल यह बात बैस्सिलस कोलाई-जैसे जीवाणु के बारे में ही सम्भव हो पाई है।

लेकिन वह दिन अब बहुत दूर नहीं जब इन्हीं ज्ञान विधियों से बैस्सिलस कोली या अन्य जीवाणुओं से नितान्त भिन्न जीवाणु प्राप्त किए जाएँगे—ऐसे जीवाणु जिनका पहले कहीं कोई अस्तित्व नहीं था। सैद्धान्तिक रूप से प्रयोगशालाओं में ऐसे नए जीवाणुओं का सृजन आज भी सम्भव है। विकसित देशों की कुछ प्रयोगशालाओं में ऐसे नए जीवाणुओं का सृजन किया जा चुका है।

भ्रूण-विशेषज्ञ एक ऐसी विधि की खोज कर चुके हैं, जिसके जरिए वे भ्रूण के विकास की आरम्भिक अवस्थाओं में इसकी कोशिकाओं को पृथक कर सकते हैं। इनमें से प्रत्येक कोशिका एक स्वतंत्र जीव का सृजन करने में समर्थ होती है। भ्रूण की आरम्भिक अवस्थाओं की कोशिकाओं में दूसरी कोशिकाओं को आरोपित करके भिन्न-भिन्न किस्म के जीवों का सृजन करना सम्भव है।

आज का आणविक जीव-विज्ञान या आनुवंशिक इंजीनियरी विज्ञान अब इस अवस्था पर पहुँच गया है कि जीव-विज्ञान विश्लेषण की अवस्था से आगे बढ़कर संश्लेषण के क्षेत्र में प्रवेश कर चुका है।

आनुवंशिक इंजीनियरी के रूप में अब परमाणु-ऊर्जा से भी कहीं अधिक शक्तिशाली साधन मानव-जाति को प्राप्त हो रहा है। यह साधन जीव-जगत में आमूल परिवर्तन करने का सामर्थ्य रखता है, स्वयं मानव में आनुवंशिक परिवर्तन कर सकता है, नए-नए जीवों की सृष्टि कर सकता है। कैसे सँभाला जाए, इस नए साधन को? विशेष बात यह है कि परमाणु-ऊर्जा की तरह जैविकी के इस नए साधन पर राजनीतिज्ञों का नियंत्रण नहीं है। दूसरी बात यह है कि इस साधन की खोजबीन गुप्त रूप से नहीं हो रही है। दुनिया के इस क्षेत्र के विशेषज्ञों को एक-दूसरे के अनुसन्धान-कार्य की जानकारी है और सर्वसाधारण को भी जानकारी मिल रही है कि आनुवंशिक इंजीनियरी के क्षेत्र में कहाँ क्या खोजबीन हो रही है।

अब हम देखेंगे कि निकट भविष्य की दृष्टि से आनुवंशिक इंजीनियरी की क्या-क्या संभावनाएँ हैं—अच्छी और बुरी दोनों ही। सबसे पहले सूक्ष्म जीवाणुओं को लीजिए। बैस्सिलस कोलाई जैसे जीवाणुओं में आनुवंशिक रद्दोबदल करना सम्भव हो गया है। ऐसे नए जीवाणु मानव-जाति के लिए वरदान भी सिद्ध हो सकते हैं। जीवाणुओं के जीनों में रद्दोबदल करके इनसे नए किस्म के कई सारे

वैक्सीन तैयार किए जा सकते हैं। ऐसे नए जीवाणुओं से इन्सुलिन, हारमोन, एन्जाइम और प्रोटीन भी तैयार किए जा सकते हैं। जीनों में समुचित रद्दोबदल करके वंशपरम्परागत रोगों को समाप्त किया जा सकता है। वनस्पतिजगत में भी इन विधियों का बड़ा लाभ होगा। आज गेहूँ तथा अन्य अनाजों के पौधों को पर्याप्त नाइट्रोजन पहुँचाने के लिए कृत्रिम उर्वरकों का इस्तेमाल करना पड़ता है। परन्तु इन पौधों के जीनों को इस प्रकार बदला जा सकता है कि ये स्वयं अपना नाइट्रोजन प्राप्त कर सकें।

लेकिन दूसरी ओर इस जीन पुनर्संयोजन विधि के अनगिनत भयावह खतरे भी हैं। कल्पना कीजिए कि इस विधि से संयोगवश नए किस्म के जीवाणु पैदा होते हैं, ऐसे जीवाणु जो नई तथा असाध्य व्याधियाँ पैदा कर सकते हैं। यहाँ इस बात को जान लेना जरूरी है कि इन नए जीवाणुओं को पैदा करने के बाद फिर इन्हें नष्ट करना सहज सम्भव नहीं है। जब तक ये प्रयोगशालाओं की नलिकाओं में रहेंगे, तभी तक इन पर कुछ नियंत्रण सम्भव है। लेकिन किसी दुर्घटना से इनके बाहर प्रसारित होने की सम्भावना है ही। मजेदार बात यह है कि इस प्रकार के प्रयोगों से पैदा होनेवाले नए जीवाणु किस कोटि के होंगे, इसके बारे में पहले से कुछ भी बताना सम्भव नहीं है। गलत हाथों में पहुँचकर इन घातक जीवाणुओं का विनाशलीला के लिए भी इस्तेमाल हो सकता है।

इस धरती पर मानव का अस्तित्व पिछले करीब दस लाख वर्षों से है। पिछले एक लाख वर्षों से मानव के शारीरिक ढाँचे में कोई विशेष रद्दोबदल नहीं हुई है। परन्तु अब मानव स्वयं अपने को बदलने में समर्थ बनता जा रहा है। शरीर के भीतर तरह-तरह के इलेक्ट्रोनिक उपकरण स्थापित किए जा रहे हैं। इस प्रकार मशीन और मानव का संयुक्त जीवन अस्तित्व में आ रहा है। परन्तु सबसे

क्रान्तिकारी घटनाएँ होंगी आनुवंशिक इंजीनियरी के क्षेत्र में। यदि इन तकनीकों पर समुचित नियंत्रण स्थापित हो जाता है तो नए जीवाणुओं के जरिए खाद्य-सामग्री पैदा की जा सकती है, वंशानुगत व्याधियों को दूर किया जा सकता है।

इक्कीसवीं सदी के मध्यकाल में पैदा होनेवाली संतति निश्चय ही इन नए साधनों से लाभान्वित होगी।

बहुत-से वैज्ञानिक विचारक जीव-विज्ञान के क्षेत्र के इस नए साधन की अपरिमित क्षमता से आतंकित हो गए हैं और मानव-जाति के लिए अन्धकारमय भविष्य का विचार प्रकट करते हैं। पर हमें यह जान लेना चाहिए कि विज्ञान स्वयं में विपत्ति का स्रोत नहीं है। जिम्मेदारी उन लोगों की है जो वैज्ञानिक साधनों पर कब्जा कर लेते हैं। परमाणु-ऊर्जा का उदाहरण हमारे सामने है। परमाणु-ऊर्जा के अनगिनत लाभ हैं। दूसरी ओर, यह विनाशलीला का भी एक समर्थ साधन है। निकट भविष्य में आनुवंशिक इंजीनियरी के मामले में भी ऐसी ही पेचीदा समस्याएँ उपस्थित होंगी।

अब जीव-विज्ञान ने आनुवंशिक इंजीनियरी के रूप में जो नया शक्तिशाली साधन प्रदान किया है, उसके समुचित इस्तेमाल की जिम्मेदारी और भी अधिक गुरुतर है क्योंकि इस साधन के रूप में मानव ने अपने भविष्य के विकास की जिम्मेदारी प्रकृति से छीनकर अपने ऊपर ओढ़ ली है।

कितना फैलेगा प्रदूषण का जहर?

विज्ञान और तकनालॉजी के नए युग ने जहाँ बहुत-सारे नए साधन दिए हैं, वहाँ मानवजाति के लिए कुछ भयावह संकट भी पैदा किए हैं। सबसे बड़ा संकट है प्रदूषण का—वायुमंडल का प्रदूषण, पानी का प्रदूषण, मिट्टी का प्रदूषण। संक्षेप में, उस समस्त जैवमंडल का प्रदूषण जो मानव का क्रिया-क्षेत्र है।

चूँकि प्रदूषण का सम्बन्ध प्रमुख रूप से उन्नत तकनालॉजी से है, इसलिए प्रदूषण के संकट को सबसे पहले उन्नत राष्ट्रों ने महसूस किया। परन्तु अब प्रदूषण के खतरे अपने देश में भी प्रकट हो रहे हैं। हाल में नैरोबी में संयुक्त राष्ट्रसंघ की पर्यावरण योजना का एक सम्मेलन हुआ। इसमें प्रस्तुत एक रिपोर्ट के अनुसार इधर के कुछ वर्षों में कलकता का वायुमंडल काफी तेजी से प्रदूषित होता जा रहा है। कलकत्ता की मोटर-गाड़ियाँ, कल-कारखाने, ऊर्जा के घरेलू साधन और ताप बिजली घर, आदि लगभग 670 टन प्रदूषित द्रव्य प्रतिदिन वायुमंडल में उत्सर्जित करते हैं। पश्चिम बंगाल के औद्योगिक क्षेत्रों के वायुमंडल के इस बढ़ते प्रदूषण के कारण यहाँ के निवासी तरह-तरह के रोगों का शिकार हो रहे हैं। दुर्गापुर और आसनसोल के निवासियों में पेट और श्वांस के रोगों में पाँच गुना वृद्धि हुई है।

भारत के दूसरे औद्योगिक क्षेत्र भी इसी स्थिति की ओर अग्रसर हो रहे हैं। न केवल हमारा वायुमंडल प्रदूषित हो रहा है, बल्कि नदियों

और सागरों की जलराशि भी अधिकाधिक मात्रा में प्रदूषित होती जा रही है। कृषि के आधुनिकीकरण से एक तरफ अनाज-उत्पादन में वृद्धि हुई है, तो दूसरी तरफ कीटनाशक द्रव्यों के इस्तेमाल से जल व जमीन के प्रदूषण का खतरा भी बढ़ा है। ऊपर वर्णित रिपोर्ट के अनुसार कर्नाटक के शिमोगा जिले में कीटनाशक द्रव्यों के इस्तेमाल से वहाँ के केकड़े और मेढक विषाक्त बन गए हैं और खाने योग्य नहीं रह गए हैं।

भारत में प्रदूषण की समस्या ने अभी भयावह रूप धारण नहीं किया है। इसीलिए प्रदूषण की रोकथाम के लिए हमारे यहाँ अभी कड़े कानून नहीं बने हैं। पर अब इस समस्या की हम देर तक उपेक्षा नहीं कर सकते। जनता अब इस समस्या के प्रति जागरूक होती जा रही है। सर्वविदित है कि टिहरी गढ़वाल के ग्रामवासियों ने अपनी वन-सम्पदा की सुरक्षा के लिए 'चिपको आन्दोलन' छेड़ दिया है। केरल की सुरम्य 'प्रशांत घाटी' (साइलैंट वैली) में एक जल विद्युतघर बनाने की योजना थी। लोगों ने इस योजना का विरोध किया।

अमेरिका के विशाल रासायनिक उद्योग बड़ी भारी मात्रा में ऐसे परित्यक्त द्रव्य पैदा करते हैं जो अत्यन्त घातक रूप से विषैले होते हैं। इनके कारण अमेरिका की बहुत-सारी नदियों का समूचा जल विषाक्त हो गया है। अमेरिका में प्रदूषण की रोकथाम के लिए कानून भी बने हैं। इसलिए अब वहाँ की बड़ी-बड़ी रासायनिक कम्पनियाँ अपने प्रदूषित मलबे को दूसरे देशों में भेजकर दफनाने की योजनाएँ बना रही हैं।

डी. डी. टी. एक कीटाणुनाशक पदार्थ है। जहाँ इसके इस्तेमाल के कुछ लाभ हैं, वहाँ कुछ खतरे भी हैं। इसके अधिक इस्तेमाल के दुष्परिणाम स्पष्ट हो चुके हैं। यही कारण है कि अमेरिका, सोवियत संघ, हालैंड, स्वीडन, आदि देशों में इसके इस्तोमाल पर पाबन्दी लगा

दी गई है। फिर भी अमेरिकी रासायनिक उद्‌योग बड़े पैमाने पर डी.डी.टी. का उत्पादन करके दूसरे देशों में इसका निर्यात करते हैं। इस निर्यात पर कोई पाबन्दी नहीं है।

आज अमेरिका, जापान व इंग्लैंड-जैसे उद्योग-सम्पन्न देश ही हमारी धरती को, पृथ्वी के जीवमंडल को, सर्वाधिक मात्रा में प्रदूषित कर रहे हैं। हम जानते हैं कि कल-कारखानों, इंजनों, लौह व इस्पात कारखानों, रासायनिक पदार्थों व सीमेंट के कारखानों, अन्य अनेक किस्म के उद्योगों तथा मोटर-गाड़ियों से उत्सर्जित होनेवाले द्रव्य मनुष्य, पशु और वनस्पति के लिए अत्यन्त खतरनाक हैं। ऐसे कुछ प्रमुख द्रव्य हैं–कार्बन मोनोक्साइड, सल्फर डाइआक्साइड, नाइट्रोजन के आक्साइड, हाइड्रोकार्बन, धुआँ आदि।

अमेरिका में 1970 में प्रकाशित एक रिपोर्ट के अनुसार अकेले अमेरिका में प्रतिवर्ष करीब 22 करोड़ टन घातक द्रव्य व गैसें वायुमंडल में उत्सर्जित की जाती हैं। इनमें दस करोड़ टन कार्बन मोनोक्साइड गैस होती है–इसमें केवल परिवहन के साधनों से पैदा होनेवाली कार्बन मोनोक्साइड साढ़े छह करोड़ टन होती है। इसके अलावा, इसमें करीब तीन करोड़ टन सल्फर डाइ-आक्साइड, तीन करोड़ टन हाइड्रोकार्बन और करीब तीन करोड़ टन धूलकण होते हैं।

वायुमंडल में ऑक्सीजन की स्थिति पर विचार कीजिए। वनस्पति, कार्बन डाइआक्साइड, पानी व खनिज पदार्थों को ग्रहण करके वायुमंडल में मुक्त ऑक्सीजन का उत्सर्जन करती है। पिछले करीब दो अरब वर्षों से इसी एकमात्र तरीके से वायुमंडल ऑक्सीजन से सम्पन्न होता आ रहा है। सभी जानते हैं कि ऑक्सीजन के बिना हम जीवित नहीं रह सकते।

परन्तु आज क्या स्थिति है? अमेरिका के उद्योग इतना अधिक ऑक्सीजन इस्तेमाल करते हैं कि वहाँ की वनस्पति अब उतना

ऑक्सीजन पैदा नहीं कर पातीं। नए युग के नए साधन अत्यधिक मात्रा में ऑक्सीजन का शोषण करते हैं। एक व्यक्ति पूरे साल में जितनी ऑक्सीजन का इस्तेमाल करता है, उतनी ऑक्सीजन एक टन कोयला जलाने पर खत्म हो जाती है। इतनी ही ऑक्सीजन एक मोटर-गाड़ी एक हजार किलोमीटर दौड़ कर खत्म कर देती है। एक हवाई जहाज करीब दो हजार किलोमीटर की यात्रा में लगभग 100 टन ऑक्सीजन खर्च करता है। अब आप ही अन्दाजा लगाइए कि सारी दुनिया के परिवहन के सारे साधन कितना अधिक ऑक्सीजन खर्च करते होंगे।

उद्योग-धन्धों, नगरों और परिवहन के विकास के कारण प्रदूषण के बहुत-सारे नए स्रोत पैदा हो गए हैं। औद्योगिक कारखानों से प्रतिवर्ष करीब 6 अरब टन कार्बन डाइआक्साइड का वायुमंडल में उत्सर्जन होता है। विशेषज्ञों का अनुमान है कि यही रफ्तार रही तो अगले सौ साल में वायुमंडल में कार्बन डाइआक्साइड की मात्रा दुगुनी हो जाएगी। परिणामतः धरातल के तापमान में काफी वृद्धि हो जाएगी। ऐसी स्थिति में एंटार्कटिक, ग्रीनलैंड और आर्कटिक प्रदेशों की बर्फ पिघल जाएगी। सागरों का जल-स्तर 60 मीटर बढ़ जाएगा। दस प्रतिशत जमीन जलमग्न हो जाएगी। सागरतटों के घनी आबादीवाले क्षेत्र समुद्र में डूब जाएँगे। पीने के पानी का अभाव बढ़ जाएगा। बर्फराशियों के पिघल जाने से पृथ्वी का सन्तुलन भी बिगड़ जाएगा।

कार्बन डाइआक्साइड, कार्बन मोनोक्साइड धुएँ आदि के कारण दुनिया के बड़े औद्योगिक नगरों का जीवन संकटग्रस्त होता जा रहा है। लन्दन के चौराहे पर तैनात पुलिसमैन एक दिन में 100 सिगरेटों के बराबर गैसें निगलता है। यही हाल तोकियो के भारी यातायात वाले क्षेत्र में तैनात पुलिसमैन का है। उसे थोड़ी-थोड़ी देर

बाद उस बूथ में जाना पड़ता है, जहाँ ऑक्सीजन का इन्तजाम किया गया होता है। तोकियो शहर में ऐसी अनेक स्वचालित मशीनें लगी हुई हैं, जिनमें सिक्का डालने पर ताजी ऑक्सीजनयुक्त हवा मिल जाती है।

धरती का वायुमंडल न केवल अधिकाधिक दूषित होता जा रहा है, बल्कि इसमें ऑक्सीजन की मात्रा भी दिनोंदिन घटती जा रही है; एक विशेषज्ञ की गणनाओं के अनुसार एक साल में वनस्पति-जगत जितनी ऑक्सीजन पैदा करता है, उसका करीब 90 प्रतिशत आज के औद्योगिक संस्थान खर्च कर डालते हैं। इक्कीसवीं सदी में, और उसके बाद, क्या स्थिति होगी?

वायुमंडल में धुएँ की मात्रा भी तेजी से बढ़ रही है। वर्तमान सदी के आरम्भ में वायुमंडल में जितना धुआँ था, उससे 20 प्रतिशत अधिक धुआँ आज है। भविष्य में क्या होगा? समय रहते हमें ऐसी व्यवस्था करनी होगी, जिससे धरती पर धुएँ की मात्रा कम हो जाए, वरना यह धुआँ निश्चय ही ऐसी व्यवस्था करेगा कि धरती पर कम लोग रह जाएँगे।

लेकिन असली संकट पानी के प्रदूषण का है। आधुनिक उद्‌योग, परिवहन के साधन और नगरों के निवासी भारी मात्रा में पानी का इस्तेमाल करके गन्दे और दूषित पानी का उत्सर्जन करते हैं। नदियों, सरोवरों, कुओं आदि से शुद्ध पानी लिया जाता है, पर इनमें जो पानी छोड़ा जाता है वह प्रदूषित होता है। आधुनिक उद्‌योग भारी मात्रा में पानी का इस्तेमाल करते हैं। एक टन इस्पात तैयार करने में 350 लीटर पानी की जरूरत पड़ती है और एक टन एल्यूमिनियम तैयार करने में 15000 लीटर पानी की। रासायनिक पदार्थ तैयार करनेवाले बहुत-से कारखाने अपने प्रदूषित मलबे को प्रायः नदियों में ही छोड़ते हैं। परिणामतः दुनिया के अनेक औद्‌योगिक नगरों के

समीप की नदियों का पानी भयंकर रूप से विषाक्त होकर इस्तेमाल करने लायक नहीं रह गया है।

नदियों का पानी जहर बनता जा रहा है!

अमेरिका, पश्चिम यूरोप और जापान की अनेक नदियाँ, उनमें लाखों टन रासायनिक मलबा छोड़ने के कारण, विषाक्त हो गई हैं। ऐसी नदियों और झीलों में पलनेवाली मछलियों में भी यह विष फैल गया है। अमेरिका के न्यू मेक्सिको नगर के निवासियों को पारे के विष से ग्रस्त पाया गया। इसका कारण यह था कि पारे का इस्तेमाल करनेवाली फैक्टरियाँ अपने मलबे को नदियों और झीलों में छोड़ती

थीं। यह पारा मछलियों में पहुँच गया और फिर इन्हें खानेवालों के शरीर में।

1953 में जापान के मिनामाता शहर में एक ऐसा विचित्र रोग प्रकट हुआ, जिसका कोई इलाज उपलब्ध नहीं था। बहुत-से लोग और बालक इस रोग के शिकार हुए और 45 लोगों की मृत्यु हो गई। पता चला कि नाइट्रोजन का उत्पादन करनेवाली एक फैक्टरी अपने मिथेलमर्क्यूरी मलबे को समीप की नदी में छोड़ती है, जिससे पानी दूषित हो गया है। इसी प्रकार जापान की जस्ते की एक फैक्टरी द्वारा जिन्तसु नदी में कैडमियम का मलबा छोड़ने से पानी विषाक्त हो गया और आसपास के निवासी 'इताई-इताई' नामक एक भयानक रोग के शिकार हो गए।

नई कीटाणुनाशक दवाइयों से भी पानी प्रदूषित होता है। ये दवाइयाँ जल्दी विखण्डित नहीं होतीं, मिट्टी के साथ मिल जाती हैं, और अन्त में पानी में पहुँच जाती हैं—झरनों में, नदियों में और अन्त में समुद्रों में।

केवल पीने का पानी ही प्रदूषित नहीं हो रहा है, बल्कि हमारे सागर और महासागर भी प्रदूषण का शिकार होते जा रहे हैं। प्रतिवर्ष करीब 50 लाख टन तेल-पदार्थ सागरों में छोड़े जाते हैं। अक्सर तेलवाहक जहाज दुर्घटनाओं के शिकार होते हैं। 'टैरी कैनयोग' नामक ऐसा ही एक तेलवाहक जहाज 1967 में इंग्लैंड के समुद्रतट के समीप दुर्घटनाग्रस्त हो गया था। सागरों के इस प्रकार के प्रदूषण के कारण समुद्रों के जीव-जगत को भयंकर क्षति पहुँचती है। तेल प्रदूषण के कारण सागरों पर विचरण करनेवाले लाखों पक्षी मर जाते हैं। सबसे अधिक क्षति पहुँचती है सागर-शैवाल को। स्मरण रहे कि यह शैवाल भारी मात्रा में ऑक्सीज़न पैदा करता है।

विज्ञान और तकनालॉजी के नए युग ने हमें ऐसे अनेक नए

पदार्थ प्रदान किए हैं, जिन्हें नष्ट कर पाना सहज सम्भव नहीं है। प्लास्टिक को ही लीजिए। यह अपने आप नष्ट नहीं होता। बैक्टीरिया इसे नष्ट नहीं कर पाते। इसलिए प्लास्टिक सामग्री का मलबा निरन्तर बढ़ता जा रहा है। यही स्थिति दूसरे अनेक संश्लेषित पदार्थों की है।

परमाणु-ऊर्जा से सम्बन्धित 'राख' को सुरक्षित दफनाने की समस्या भी अभी हल नहीं हुई है। कई परमाणु रिएक्टर दुर्घटना के शिकार हो चुके हैं।

इस प्रकार हम देखते हैं कि तकनालॉजी के नए युग ने हमें नए संकट में डाल दिया है। इसका क्या इलाज है? हम अपनी धरती को प्रदूषण के इस भयावह संकट से कैसे बचा सकते हैं? नए साधनों का त्याग करके आदिम युग में लौटना सम्भव नहीं है। प्रदूषण के साधन पैदा हुए हैं, तो प्रदूषण को दूर करने के साधन भी उपलब्ध होते जा रहे हैं। सवाल है इन्हें ठीक से लागू करने का।

गन्दे पानी को नदियों में न छोड़कर उसे पुनः साफ किया जा सकता है और पुनः कई बार इस्तेमाल किया जा सकता है। गन्दे पानी को साफ करने की विधि हमें ज्ञात है। इसी प्रकार, विषाक्त गैसों को साफ करने की तकनालॉजी भी उपलब्ध है। दिल्ली के इन्द्रप्रस्थ ताप बिजलीघर की चिमनियों से निकलनेवाले धुएँ को साफ करने की विधि हमें मालूम है। सवाल है इसे लागू करने का। इसी प्रकार, समुचित नियंत्रण के जरिए फैक्टरियों के परित्यक्त प्रदूषित पदार्थों को भी भली-भाँति नष्ट किया जा सकता है।

बढ़ती आबादी और खाद्य-सामग्री की समस्याओं की तरह प्रदूषण की समस्या के बारे में भी पाश्चात्य वैज्ञानिक-भविष्यवक्ताओं ने भविष्य के बारे में बड़े भयावह चित्र प्रस्तुत किए हैं। लेकिन हम जानते हैं कि नई तकनालॉजी भयानक नहीं है, नई रसायन-सामग्री भयावह नहीं है, नए उद्योग-व्यवसाय भयावह नहीं हैं। भयावह चीज

है अपनी गन्दगी को दूसरे के घर में फेंकना। भयावह चीज है एक विषैली चीज को महज भारी मुनाफे के लिए दूसरों को बेचना और स्वयं उसका इस्तेमाल न करना।

भारत-जैसे विकासशील देशों को नई तकनालॉजी की जरूरत है, पर यदि उन्नत देशों का एकदम अन्धानुकरण न किया जाए तो हम प्रदूषण के संकट से काफी हद तक बच सकते हैं। हमारा प्रयास यही होना चाहिए कि मानव-जीवन के लिए अत्यन्त जरूरी चीजें–हवा, पानी और मिट्टी–प्रदूषित ही न हों।

भविष्य कितना उज्ज्वल?

वैज्ञानिक और तकनीकी क्रान्ति के नए युग का प्रारम्भ संसार के धनी देशों में हुआ, तीन-चार दशक पहले, दूसरे महायुद्ध के दौरान। अब इन देशों में इस क्रान्ति के परिणाम भी प्रकट होने लगे हैं। इतना ही नहीं, संसार के विकासशील देशों में भी यह क्रान्ति फैल रही है। और अब सर्वत्र इसके लक्षण प्रकट होने लगे हैं। यह कम महत्त्व की बात नहीं है कि दुनिया के अनेक देश इसी क्रान्ति के दौरान उपनिवेशवाद से मुक्त हुए हैं।

यहाँ हम समाज-व्यवस्थाओं के भविष्य पर विचार नहीं कर रहे हैं, न ऐसी कोई भविष्यवाणी कर रहे हैं कि मौजूदा समाज-व्यवस्थाओं में अन्ततोगत्वा कौन-सी समाज-व्यवस्था टिकी रहेगी। लेकिन कोई भी समाज-व्यवस्था, राजतंत्र या अर्थतंत्र विज्ञान व तकनीकी के प्रभावों से मुक्त नहीं रह सकता। इंग्लैंड और यूरोप में आधुनिक विज्ञान के जन्म के साथ औद्योगिक क्रान्ति का उदय हुआ था, पूँजीवाद ने जन्म लिया था, उपनिवेशवाद का विस्तार हुआ था। इन व्यवस्थाओं के अन्तर्गत भी विज्ञान तरक्की करता गया। साथ ही, आज हमें यह स्वीकार करना होगा कि इन व्यवस्थाओं को तोड़ने में, इन्हें एक-एक करके दफनाने में आधुनिक विज्ञान व तकनीकी की सर्वसुलभ उपलब्धियों ने कम योगदान नहीं दिया है।

आज अमेरिकी खेमे के देशों में वैज्ञानिक व तकनीकी क्रान्ति के भविष्य के दौर के बारे में किस प्रकार के विचार व्यक्त किए जा

रहे हैं? इन देशों के अधिकतर भविष्यवक्ता-वैज्ञानिक भयावह 'संकटों' से आक्रान्त हैं, आतंकित हैं। ये भविष्यवक्ता अनुभव करते हैं कि विज्ञान व तकनीकी के हर क्षेत्र की नई उपलब्धियाँ मानवजाति को संकट-सीमा पर पहुँचा रही हैं—बढ़ती आबादी का संकट, खाद्य-सामग्री के अभाव का संकट, ऊर्जा का संकट, प्रदूषण का संकट, आनुवंशिक इंजीनियरी का संकट, नैतिक मूल्यों का संकट आदि-आदि। दरअसल, ये संकट विज्ञान व तकनीकी की उपलब्धियों के नहीं हैं, क्योंकि विज्ञान व तकनीकी अपने में कोई संकट नहीं है। ये संकट हैं उस समाज-व्यवस्था के जिसके अन्तर्गत विज्ञान व तकनीकी के साधनों का उपयोग होता है, विनियोजन होता है।

विज्ञान व तकनीकी के संकट को लेकर हाहाकार मचाया जाता है, लेकिन उपाय किस प्रकार के खोजे जाते हैं? अपने उद्योगों के विषाक्त मलबे को दूसरे देशों में दफनाने के उपाय खोजे जाते हैं। एक तरफ आनुवंशिक इंजीनियरी के खतरों को उजागर किया जाता है, तो दूसरी तरफ नस्लवाद को प्रोत्साहन देनेवाले सनसनीखेज प्रयोग किए जाते हैं। इस धरती पर कोई हल नहीं सूझता, तो वाह्य-अन्तरिक्ष में हल खोजने की योजनाएँ प्रस्तुत की जाती हैं। एक समाचार के अनुसार अमेरिका ने अपने विषाक्त आणविक मलबे को वाह्य-अन्तरिक्ष में कहीं छोड़ने या दफनाने के लिए अध्ययन की शुरुआत कर दी है। अमेरिका के अनेक वैज्ञानिक-भविष्यवक्ता अपने अनेक 'संकटों' का हल वाह्य-अन्तरिक्ष में खोजते हैं। यह पलायनवाद नहीं है तो और क्या है?

समाजवादी देशों में भी विज्ञान व तकनीकी का तेजी से विकास हो रहा है। सोवियत संघ में भी वैज्ञानिक पूर्वानुमान के संस्थान हैं, और वहाँ के वैज्ञानिक विज्ञान व तकनीकी के आधार पर भविष्य की योजनाएँ बना रहे हैं। फिर क्या बात है कि समाजवादी व्यवस्था में

विज्ञान व तकनीकी उपलब्धियों को लेकर खतरों के भोंपू नहीं बजाए जाते? क्यों नहीं संकटों का आतंक फैलाया जाता? समाजवादी देशों के वैज्ञानिक भविष्यवक्ता भविष्य को लेकर आमतौर पर क्यों आशावादी हैं। वे क्यों बढ़ती आबादी, खाद्य-सामग्री की समस्या, ऊर्जा के अभाव, प्रदूषण आदि से आक्रान्त नहीं हैं? सबसे बड़ी बात यह है कि वे इस धरती की अधिकांश समस्याओं का हल इस धरती पर खोजना चाहते हैं।

स्पष्ट है कि भविष्य में, कुछ दशकों बाद, किस प्रकार की समाज-व्यवस्था विज्ञान व तकनीकी की महती उपलब्धियों के भार को वहन करने में समर्थ सिद्ध होगी। विज्ञान व तकनीकी की नई उपलब्धियाँ पुरानी सड़ी-गली समाज-व्यवस्था को बदलेंगी, शासन-तंत्रों और अर्थ-व्यवस्थाओं को बदलेंगी, हमारे पुराने नैतिक मूल्यों को भी बदलेंगी, और बदल भी रही हैं।

वैज्ञानिक-भविष्यवक्ता प्रमुख रूप से ऐतिहासिक विकास का आश्रय लेकर भविष्य की रूपरेखा प्रस्तुत करते हैं। परन्तु यह मात्र अनुमान होता है। इस अनुमान के अलावा भी और बहुत कुछ घटित हो सकता है। हमारे देखते-देखते ही ऐसे अनेक आविष्कार हुए हैं, जिनका पूर्वानुमान लगाना किसी के लिए भी सम्भव नहीं था। रदरफोर्ड सोचते थे कि परमाणु-ऊर्जा को प्राप्त करना कतई सम्भव नहीं हैं। अतः निकट भविष्य में कौन-सा अद्भुत आविष्कार होगा और मानवजाति को कितना प्रभावित करेगा, इसके बारे में आज कुछ नहीं कहा जा सकता।

यही बात समाज-व्यवस्था पर लागू होती है। आज जब हम अपने देश की स्थिति पर नजर दौड़ाते हैं, तब एक अत्यन्त चिन्ताजनक चित्र उपस्थित होता है। लेकिन कौन कह सकता है कि आगे के एक-दो दशकों में ही सारा चित्र पलट नहीं जाएगा?

हममें से बहुतों को अतीत अच्छा लगता है, अतीत की व्यवस्थाएँ अच्छी लगती हैं, अतीत के नैतिक मूल्य अच्छे लगते हैं। पर कोई भी अतीत का जीवन नहीं जी सकता। हम वर्तमान में ही जी सकते हैं और मानवजाति का भविष्य वर्तमान में जन्म ले रहा है। इसी भविष्य को हमें उज्ज्वल बनाना है।

अजूबा होगी इक्कीसवीं सदी में विज्ञान की हिन्दी

कम्प्यूटर की अपनी एक खास मशीनी भाषा भी है। वह हिन्दी, अंग्रेजी या रूसी भाषा में अपना 'चिन्तन' नहीं कर सकता। पहले हमारी इन भाषाओं को प्रोग्राम की किसी एक विशिष्ट भाषा में बदलना होता है और फिर प्रोग्राम की भाषा को मशीनी भाषा में रूपान्तरित करने की इलेक्ट्रॉनिक व्यवस्था करनी होती है।

हमारी भाषाएँ तो हजारों साल के विकास के बाद अस्तित्व में आई हैं, परन्तु कम्प्यूटर की कृत्रिम भाषाएँ केवल पाँच-छह दशकों की उपज हैं। इस थोड़े से अरसे में कम्प्यूटर-प्रोग्राम की दो-चार नहीं हजार से भी अधिक भाषाएँ जन्म ले चुकी हैं। कम्प्यूटर केवल जिस 'मशीनी भाषा' में चिन्तन कर सकता है, वह सिर्फ दो अंकों के गणित की भाषा है। कम्प्यूटर के दो अंग हैं : कठोरांग (हार्डवेयर) और कोमलांग (सॉफ्टवेयर)। धातुओं के कल-पुर्जे तथा इलेक्ट्रॉनिक साधन उसके कठोरांग हैं, और कृत्रिम भाषाओं की समूची व्यवस्था इसका कोमलांग कहलाती है। कोमलांग के बिना वह कुछ भी नहीं कर सकता। कोमलांग से ही कम्प्यूटर के कठोरांग में 'बुद्धि' जागृत् होती है।

चाहें या न चाहें, अब अपने देश में हम कम्प्यूटरों के फैलाव को रोक नहीं सकते। अतः कम्प्यूटर प्रोग्रामों की बेसिक, कोबोल, पास्कल आदि भाषाएँ भी हमारे साथ चलेंगी। इन सभी भाषाओं का

जन्म अंग्रेजी माध्यम में हुआ है। कम्प्यूटर-शिक्षा के लिए अंग्रेजी और मशीनी भाषा का अध्ययन अपरिहार्य है।

यह यंत्र हमारी भाषाओं को भी प्रभावित करेगा और इन्हें तेजी से बदलेगा। कैलिफोर्निया की 'सिलिकन वेली' में बोलचाल की अंग्रेजी में कम्प्यूटर-शब्दावली का इतना अधिक प्रयोग होता है कि उसे समझ पाना अंग्रेजी के आम जानकार के लिए कठिन हो गया है।

जब अंग्रेजी का यह हाल हो रहा है तो कम्प्यूटर और दूसरे अनेक इलेक्ट्रॉनिक साधन हिन्दी आदि की क्या गत बना देंगे, इसका अनुमान लगाना कठिन नहीं है।

सर्वप्रथम इलेक्ट्रॉनिकी की पारिभाषिक शब्दावली पर ही विचार कीजिए, जिसका विकास तीन-चार दशकों में हुआ है। इस दौरान इस विषय के हजारों नए शब्द आए हैं। कम्प्यूटर, इलेक्ट्रॉन व सिलिकॉन जैसे अनेक पुराने शब्द हमने ज्यों-के-त्यों अपना लिये हैं। कठोरांग, कोमलांग या स्मृति-भंडार जैसे कुछ पारिभाषिक शब्दों का निर्माण करके इन्हें भी हम चला लेंगे। लेकिन सैकड़ों नए शब्द हैं जिनका न तो हिन्दीकरण किया जा सकता है, न ही ज्यों-का-त्यों सार्थक इस्तेमाल किया जा सकता है।

बहुत-से शब्द नए किस्म के हैं जो दो, तीन या अधिक शब्दों के आद्याक्षरों को संयुक्त करके बनाए गए हैं। केवल एक ही उदाहरण लीजिए। 'मेमरी' या 'स्टोरेज' के लिए हम 'स्मृति-भंडार' से काम चला लेंगे। लेकिन आर.ए.एम. (रैंडम एसेस मेमरी), आर.ओ.एम. (रीड ओनली मेमरी) पी.आर.ओ.एम. (प्रोग्रामेबल रीडओनली मेमरी) और ई.पी.आर.ओ.एम. (इरेजेबल प्रोग्रामेबल-रीड ओनली मेमरी) जैसे आज धड़ल्ले से इस्तेमाल होने वाले शब्दों का हिन्दीकरण कैसे करेंगे? 'रेडार' या 'लेसर' की तरह आद्याक्षरों से निर्मित इन

शब्दों के उच्चारण अब 'रैम' 'रोम' और 'प्रोम' होता है। इन्हें हम देवनागरी में ज्यों-का-त्यों अपना भी लें, तब भी अंग्रेजी की अच्छी जानकारी के बिना इन्हें हम समझ पाना सम्भव नहीं होगा। अंग्रेजी के बोझ को वहन करके ही कम्प्यूटर के साथ हम इक्कीसवीं सदी में पहुँच सकते हैं।

हमारे अंग्रेजीदाँ वैज्ञानिक प्रशासक इस बोझ को और अधिक बढ़ाने में योग दे रहे हैं। देश के स्कूलों में कम्प्यूटर शिक्षा का प्रचार करने के लिए शिक्षा और इलेक्ट्रॉनिकी विभाग ने मिलकर जो भव्य योजना बनाई है, उसका नाम है 'क्लास'। इस 'क्लास' का अर्थ 'कक्षा' नहीं है। अंग्रेजी के 'कम्प्यूटर लिटरेसी एंड स्टडीज इन स्कूल्ज' शब्दों के आद्याक्षरों को जोड़कर यह 'क्लास' शब्द बना है। कम्प्यूटर-शिक्षा के साथ इस 'क्लास' शब्द को भारतीय भाषाओं में हमें अब ज्यों-का-त्यों लेना होगा।

हमने अपने पहले उपग्रह को आर्यभट नाम दिया था। इसका एक लाभ यह हुआ कि प्राचीन भारत के एक महान गणितज्ञ ज्योतिषी का नाम देश के घर-घर में पहुँच गया। बहुतों को पहली बार आर्यभट के कृतित्व की जानकारी मिली। बहुतों को पहली बार यह स्पष्ट हुआ कि इस भारतीय वैज्ञानिक का असली नाम आर्यभट ही है, आर्यभट्ट नहीं!

सोवियत संघ के सहयोग से तैयार होने पर भी आगे के दो उपग्रहों को भास्कर (गणितज्ञ-ज्योतिषी) का नाम दिया गया। पर देश में तैयार किए जाने पर भी प्रायोगिक दौर के पहले उपग्रह को **एप्पल** नाम दिया गया। इनसैट उपग्रह पैसा देकर हमने एक अमेरिकी कम्पनी से खरीदे हैं। फिर भी इसको एक भारतीय नाम देना सम्भव नहीं हुआ। आगे जाकर इनसैट उपग्रह भारत में बनेंगे, तब भी यही नाम कायम रहेगा।

रॉकेट अन्तरिक्ष में यात्रा करने वाला एक वाहन ही नहीं, एक शक्तिशाली युद्धास्त्र भी है। इसलिए कोई भी देश रॉकेट की तकनीकी दूसरे देश को नहीं देता। एस.एल.वी.-3 (सैटेलाइट लांच वेहिकल-3) का निर्माण हमने स्वयं अपने बल पर किया है। फिर यह एस.सल.वी.

नाम किसलिए? स्वदेशी रॉकेट के अंग्रेजी नामकरण का यह सिलसिला आगे के ए.एस.एल.वी. और पी.एस.एल.वी. रॉकेटों तक चलेगा। यही हाल निर्माणाधीन आई.आर.एस. (IRS) उपग्रह का है। करीब दो सौ वर्षों यूरोपीय विज्ञान भारत में पहुँच रहा है। विज्ञान और उच्च तकनीकी का यह पूर्वाभिमुख प्रवाह इक्कीसवीं सदी में पहुँचने पर भी जारी रहेगा। किसी समय यह प्रवाह पश्चिमाभिमुख था। सिर्फ एक शब्द के इतिहास की जानकारी विज्ञान के उस पश्चिमाभिमुख प्रवाह को स्पष्ट करने के लिए और कुछ सबक सीखने के लिए पर्याप्त है।

आज दुनियाभर के स्कूलों में जिस पद्धति से त्रिकोणमति पढाई जाती है, उसकी नींव आर्यभट (499 ई.) ने डाली थी। भारतीय रेखागणित और त्रिकोणमिति का एक विशिष्ट शब्द है 'जीवा'। इस्लाम की स्थापना के बाद आठवीं से ग्यारहवीं सदी तक गणित ज्योतिष के अनेक संस्कृत ग्रन्थों का अरबी में अनुवाद हुआ। अरबी अनुवादकों ने संस्कृत के 'जीवा' शब्द को ज्यों-का-त्यों ही अपना लिया। अरबी में स्वराक्षर नहीं है, इसलिए अरबी में यह 'जीवा' शब्द 'ज-ब' के रूप में लिखा गया।

फिर गणित के अरबी ग्रन्थ मूरों के साथ स्पेन में पहुँचे। वहाँ कर्तबा, तलेतला आदि नगरों के बड़े-बड़े विद्याकेन्द्र स्थापित हुए थे। ग्यारहवीं सदी से यूरोप के कोने-कोने से ईसाई विद्वान इन अरबी विद्याकेन्द्रों में पहुँचने लगे थे। अरबी ग्रन्थों के लैटिन में अनुवाद होने लगे। 'ज-ब' शब्द देखकर, यूरोप के अनुवादक चकित रह गए। इन दो व्यंजनों में स्वर जोड़ने पर जुबा, जोब, जेब जैसे कई शब्द बनते हैं। उन्हें मालूम ही नहीं था कि यह 'ज-ब' मूलतः संस्कृत का शब्द है। उन्होंने इसे अरबी का 'जेब' शब्द समझ लिया। उस सयम अरब लोगों की कमीज की जेब सीने के पास होती थी। इसलिए 'ज-ब' का

लैटिन अनुवाद हो गया 'सिनुस' यानी सीना। यही शब्द अब त्रिकोणमिति में 'साइन' बन गया है। वैज्ञानिक तथा तकनीकी शब्दावली आयोग का कहना है कि 'साइन', 'कोसाइन' जैसे शब्द हमें हिन्दी में ज्यों-के-त्यों ले लेने चाहिए। दूसरा कोई उपाय भी नहीं है।

लेकिन ऐसा कब तक चलेग? विज्ञान के नए-नए उपांग जन्म ले रहे हैं। हर साल विज्ञान व तकनीकी के सैकड़ों नए शब्द अस्तित्व में आ रहे हैं। अंग्रेजी के सभी शब्दों के लिए संस्कृत शब्द गढ़ना सम्भव नहीं है। इक्कीसवीं सदी तक पहुँचने पर विज्ञान की हिन्दी भाषा में रेडियो, टेलीविजन जैसे हजारों प्रचलित शब्द तो रहेंगे ही, 'रैम', 'रोम' जैसे उच्च तकनीकी के संक्षिप्त रूप शब्दों की भी भरमार रहेगी। हमारे वैज्ञानिक प्रशासकों का ऐसा ही रवैया रहा, तो 'क्लास' और 'एस. एल. वी.' जैसे अंग्रेजी शब्दों की भी भरमार रहेगी। निश्चय ही एक अजूबा होगी इक्कीसवीं सदी के विज्ञान की वह हिन्दी भाषा। अंग्रेजी की जानकारी के बिना उस हिन्दी को न कोई समझ पाएगा, न लिख पाएगा।

इक्कीसवीं सदी के मध्य काल का पूर्वाभास

'बाइनरी यूनिट' शब्दों के आरम्भिक व अन्तिम अक्षरों के मेल से बना है। इसके लिए हिन्दी में समानार्थी शब्द होगा द्वि-अंक पद्धति। इस प्रकार 'बिट्' के लिए हम 'द्विक्' शब्द का उपयोग कर सकते हैं।

आज के सूचना-जगत में इस बिट् या द्विक् शब्द का बड़ा महत्त्व है। यह ज्ञान को, सूचनाओं को, मापने की एक नए-नए तरीके खोजे जा रहे हैं। भविष्य में मुद्रण और चित्रण के ऐसे नए तरीके अस्तित्व में आएँगे जिनके जरिए हम कम समय में अधिक ज्ञान-सामग्री आत्मसात कर पाएँगे। भविष्य में हमारा शब्द-भंडार भी बढ़ेगा। लेकिन साथ ही कम-से-कम शब्दों में अधिक-से-अधिक जानकारी प्रस्तुत करने की व्यवस्थाएँ भी अस्तित्व में आएँगी। इस सन्दर्भ में यह स्मरण रखना जरूरी है कि जितने बड़े शब्द-भंडार से किसी शब्द का चयन होगा, उतना ही उस शब्द का जानकारी वहन करने का सामर्थ्य अधिक होगा।

आज दुनिया में सैकड़ों भाषाएँ हैं, दर्जनों लिपियाँ हैं। इनकी दिक्कतें सर्वविदित हैं। लेकिन भविष्य के वैज्ञानिकों को भाषा की कोई दिक़्कत नहीं होगी। कम्प्यूटरों की मदद से वे कई भाषाओं में सम्पर्क स्थापित कर सकेंगे। अब ऐसे कम्प्यूटर भी अस्तित्व में आ रहे हैं जो एक भाषा से दूसरी भाषा में अनुवाद करते हैं।

कोई सार्वभौम भाषा के निर्माण के प्रयत्न पिछले अनेक दशकों से जारी हैं। भविष्य में अनेक दशकों से जारी है। भविष्य में ऐसी एक

भाषा का अस्तित्व में आना अवश्यम्भावी है। आरम्भ में यह सार्वभौम भाषा एक सहायक भाषा के रूप में विकसित होगी और फिर धीरे-धीरे, इतिहास के लम्बे समान सुविधाओं का युग अवश्य आएगा। तब मानवजाति की संचित ज्ञानराशि का उपयोग भी समुचित रूप में होगा।

भविष्य का युग निश्चय ही कम्प्यूटरों का युग होगा। कम्प्यूटरों का इस्तेमाल अब मानव-जीवन के विभिन्न व्यापारों में शुरू हो गया है। हाल के एक समाचार के अनुसार इंग्लैंड के एक कम्प्यूटर विशेषज्ञ ने अपने चार सप्ताह के बच्चे के लिए एक 'कम्प्यूटर-आया' का निर्माण किया है। हालाँकि यह कम्प्यूटर-आया उस बालक को माँ-बाप जैसा प्यार नहीं दे सकती, पर यह उस बच्चे का मनोरंजन कर सकती है, उसे कहानी सुना सकती है, उसे अंग्रेजी, जर्मन, व फ्रांसीसी भाषाएँ सिखा सकती है, लाइट बुझा सकती है, घर की रखवाली कर सकती है।

इक्कीसवीं सदी जैव प्रौद्योगिकी की होगी

वैज्ञानिक उपलब्धियों की दृष्टि से बीसवीं सदी को प्रमुख रूप से भौतिकी और रसायन की शताब्दी कहा जा सकता है। इन क्षेत्रों के महान आविष्कारों का सिलसिला उन्नीसवीं सदी के अंतिम दशक में ही आरम्भ हो गया था। उस एक दशक में एक्स किरणों, रेडियोधर्मिता तथा इलेक्ट्रोन की खोज हुई। सन् 1900 ई. में माक्स प्लांक ने क्वांटम सिद्धान्त की नींव डाली। उसके बाद परमाणु ऊर्जा, अन्तरिक्ष अनुसन्धान और कम्प्यूटर विज्ञान के क्षेत्रों में जो क्रान्तिकारी आविष्कार हुए, उनके मूल में भौतिकी ही है। बीसवीं सदी में रसायन प्रौद्योगिकी की उपलब्धियाँ भी बड़ी महत्त्वपूर्ण रही हैं।

नई इक्कीसवीं सदी यकीनन जैव प्रौद्योगिकी की होगी। जिस तरह उन्नीसवीं सदी के अन्तिम दशक में भौतिकी के महान आविष्कारकों का सिलसिला शुरू हो गया था, उसी तरह जैविक के क्षेत्र के महान आविष्कारों का सिलसिला बीसवीं सदी के अन्तिम दशक से ही शुरू हो गया है। सन् 1953 ई. में डी.एन.ए. की संरचना की जानकारी मिल जाने के बाद जीन इंजीनियरी का धीरे-धीरे विकास होता गया। फिर सदी के अन्तिम दशक में 'मानव जीनोम प्रोजेक्ट' की शुरुआत हुई और एक भेड़ की कोशिका को क्लोन करके 'डॉली' नामक मेमने का निर्माण किया गया, तो जैव प्रौद्योगिकी की अपार सम्भावनाएँ प्रकट होने लगीं। इसीलिए यकीन के साथ कहा जा सकता है कि इक्कीसवीं सदी जैव प्रौद्योगिकी की होगी। रसायन के काम भी आगे जैविकी के

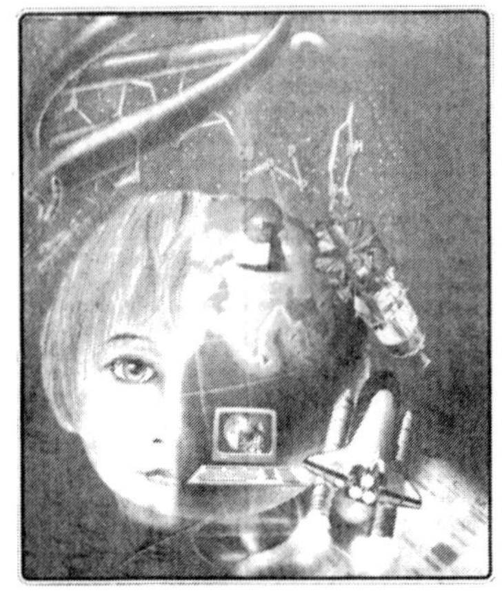

जरिए होंगे, ज्यादा बेहतर ढंग से।

जीन इंजीनियरी या जैव प्रौद्योगिकी से सस्ती और कुप्रभावों से मुक्त नई-नई दवाएँ बनेंगी। ऐसे बैक्टीरिया पैदा किए जाएँगे जो ताँबा, चाँदी, सोना आदि धातुओं को मिट्टी से पृथक् कर देंगे और अनावश्यक चीजों को नष्ट कर सकेंगे। जैव प्रौद्योगिकी से कृषि क्षेत्र का कायापलट हो जाएगा; बीजों में आवश्यक विटामिन, प्रोटीन आदि डालना सम्भव होगा। आज भेड़ की क्लोनिंग सम्भव हुई; कल मानव की सम्भव हो जाएगी। अमेरिका में जो 'मानव जीनोम प्रोजेक्ट' शुरू हुआ, उसके तहत मानव जीनों के बारे में जो जानकारी मिलेगी, उसके आधार पर आनुवंशिक रोगों को खत्म करना सम्भव होगा। संक्षेप में, जीन इंजीनियरी एक नए मानव-समाज का सृजन करेगी।

भारत की दृष्टि से जैव प्रौद्योगिकी का विशेष महत्त्व है। कारण है–भारत की जैव विविधता। इसलिए अगली सदी जैव प्रौद्योगिकी की होती है, तो वह भारत के लिए निश्चय ही विशेष महत्त्व की सदी साबित होगी।

बीसवीं सदी के आरम्भ में जब भौतिकी और रसायन के क्षेत्रों में महान आविष्कारों का सिलसिला शुरू हुआ था, तब हम अंग्रेजों के अधीन थे। अंग्रेजी के प्रभाव में थे। अंग्रेजी का वर्चस्व आज भी बरकरार है। परिणाम यह हुआ कि हम विज्ञान और प्रौद्योगिकी के क्षेत्रों की उपलब्धियों के बारे में भारतीय भाषाओं में सर्वसाधारण के लिए पर्याप्त जानकारी प्रस्तुत नहीं कर पाए। यही वजह है कि आज

देश के बहुत से लोग ठीक से समझ नहीं पा रहे हैं कि विज्ञान वस्तुतः क्या है, विज्ञान और आस्था में क्या अंतर है, और विज्ञान की उपलब्धियाँ मानव-समाज को किस ओर ले जा रही हैं।

इक्कीसवीं सदी की जैव प्रौद्योगिकी के क्षेत्र की उपलब्धियाँ प्रत्येक व्यक्ति को, समूचे मानव-समाज को प्रभावित करेंगी। शोधकार्य के लिए भले ही अंग्रेजी, जर्मन, फ्रांसीसी आदि विदेशी भाषाओं की जरूरत बनी रहे, मगर विज्ञान के क्षेत्र में देश-विदेशी में हो रहे शोधकार्य की जानकारी भारतीय जनता को भारतीय भाषाओं में अवश्य उपलब्ध होनी चाहिए। यह जनता का हक है।

परन्तु कौन प्रस्तुत कर सकेगा हिन्दी और अन्य भारतीय भाषाओं में वैज्ञानिक विषयों की प्रामाणिक जानकारी?

मैंने करीब दो साल तक वैज्ञानिक तथा औद्योगिक अनुसन्धान परिषद की बीस से भी अधिक प्रयोगशालाओं की यात्राएँ कीं। पाया कि इन प्रयोगशालाओं में ऐसे वैज्ञानिक मौजूद हैं जो अपने विषयों के बारे में हिन्दी या अपनी मातृभाषाओं में अधिकारपूर्वक लोकप्रिय लेख लिख सकते हैं, पुस्तकें लिख सकते हैं। मगर मैंने यह भी देखा है कि हमारे बहुत से वैज्ञानिक संस्थानों/प्रयोगशालाओं में भारतीय भाषाओं में लिखने वालों को समुचित प्रोत्साहन नहीं मिलता।

मेरी यह दृढ़ मान्यता है कि जब तक वैज्ञानिक संस्थानों के हमारे वैज्ञानिक भारतीय भाषाओं में लेख और पुस्तकें नहीं लिखते, तब तक भारतीय भाषाएँ गौरव का स्थान नहीं प्राप्त कर सकतीं। सोवियत शासन के जमाने में किताईगोरोद्स्की जैसे प्रख्यात अकादमिकों ने और लेव लांदाउ जैसे नोबेल पुरस्कार विजेताओं ने अपनी रूसी भाषा में लोकप्रिय विज्ञान की पुस्तकें लिखीं। चीन में वैज्ञानिकों या प्राध्यापकों से पुस्तकें लिखवाई जाती हैं, तो उन्हें अवकाश दिया जाता है। दुर्भाग्य हमारे देश का कि यहाँ हिन्दी में लिख सकने वाले

वैज्ञानिकों को हेय दृष्टि से देखा जाता है, सुविधाएँ प्रदान करना तो दूर की बात रही!

लेकिन लगता है, नई सदी के आगमन के साथ परिस्थितियाँ बदल रही हैं। जानकर, देखकर, बड़ी प्रसन्नता हुई कि जो इक्कीसवीं सदी जैव प्रौद्योगिकी की सदी बनने जा रही है, उसके उद्घाटन के पहले ही जैविकीय अनुसन्धान के लिए समर्पित देश के सर्वश्रेष्ठ संस्थान 'कोशकीय एवं आणविक जीव-विज्ञान केन्द्र' (हैदराबाद) ने 'जिज्ञासा' नामक अपनी वार्षिक वैज्ञानिक पत्रिका का प्रथम अंक प्रकाशित कर दिया है। केन्द्र के निदेशक डॉ. लालजी सिंह, जिनकी मातृभाषा हिन्दी है, लिखते हैं :

'आज देश में सर्वाधिक बोली और समझी जानेवाली भाषा हिन्दी है। यदि अधिक से अधिक लोगों तक पहुँचना है, तो हिन्दी एक सक्षम और उपयुक्त माध्यम हो सकती है। आज विज्ञान का तीव्रगति से विकास हो रहा है। प्रमुखतः जीव-विज्ञान और डी.एन.ए. तकनीक, जो अधिकतम लोगों के जीवन को प्रभावित करते हैं, में हो रही प्रगति की जानकारी को सामान्य जन तक ले जाना अनिवार्य हो गया है। अतः इस आवश्यकता को पहचानते हुए हमने सी.सी.एम.बी. की तरफ से विज्ञान को, खासकर जीव-विज्ञान, जैव प्रौद्योगिकी और डी.एन.ए. तकनीक के विविध पहलुओं को, हिन्दी भाषा के माध्यम से सरलतम शब्दों में देश के अधिकतर लोगों तक पहुँचाने का प्रयत्न करने का निर्णय लिया है। इसी उद्देश्य की पूर्ति के लिए हमने 'जिज्ञासा' नामक वार्षिक पत्रिका का प्रकाशन आरम्भ किया है, जो हमारा पहला प्रयास है।'

डॉ. लालजी सिंह के ये 'विचार' महज औपचारिकता नहीं हैं। पत्रिका में उनके अपने दो लेख हैं—'क्लोनिंग' और 'जीन तकनीक और वनस्पति जगत'। पहले लेख के आरम्भ में उन्होंने सरल शब्दों

में समझाया कि क्लोन क्या है। फिर उन्होंने क्लोनिंग के लाभ और उससे जुड़े कुछ भय भी बताए हैं। एक भय है–'मुर्दे से जीवित पैदा करना'। उन्होंने मरे हुए आदमी की किसी कोशिका के केन्द्रक का उपयोग उसका क्लोन बनाने में किए जा सकने की सम्भावना व्यक्त की। वे यह भी स्पष्ट कर देते हैं कि 'क्लोन भौतिक रूप से सर्वसम जरूर होग, पर...क्लोन आपको अमर नहीं बना सकता। अमर होने का तात्पर्य आपकी यादों और अनुभवों की अखंडता है, जो क्लोनिंग से सम्भव नहीं हो पाएगा।'

क्लोनिंग ने नर की आवश्यकता पर भी प्रश्नचिह्न लगा दिया है। मगर डॉ. सिंह की मान्यता है : 'अलैंगिक प्रजनन को अपनाना आत्महत्या की तरह होगा।'

डॉ. सिंह ने अपने दूसरे लेख में 'जीन तकनीक' को समझाने के बाद बताया है कि उससे अनाजों की उपज, विशेषकर चावल की उपज को, किस तरह बढ़ाया जा सकता है।

पत्रिका में विभिन्न विधाओं और विषयों वाले करीब 15 लेख हैं–छोटे-छोटे, मगर सारगर्भित। डॉ. शशि सिंह की दिलचस्प विज्ञान-कथा है–'भविष्य का भूत' (सन् 2004 ई. में छपा एक लेख), जिसमें चार सौ साल बाद का एक चित्र प्रस्तुत किया गया है : 'धीरे-धीरे स्त्रियों ने क्लोनिंग को अपनाना शुरू कर दिया, और पुरुष अलग-थलग पड़ गए...जो भी पुरुष नारी की समझ से उत्तम था, या काम का लगा, वह उसी की क्लोनिंग करती रही; अन्य पुरुष धीरे-धीरे लुप्त हो गए। एक बार न्यूनतम वर्ग में आने पर पुरुष ने भावनात्मक तौर पर भी अपनी स्थिति स्वीकार कर ली और शुरू हुआ वर्तमान नारी प्रधान युग।'

इसी विज्ञान-कथा में जीन तकनीक पर आधारित भविष्य के मानव-समाज का एक चित्र है : 'आज मानव विकास (एवोल्यूशन)

की डोर पूरी तरह से जीन टेक्नोलॉजी के हाथ में है। जिन गुणसूत्रों में कोई त्रुटि दिखाई देती है, उन्हें गुणसूत्र बैंक से अच्छे व स्वस्थ गुणसूत्र से स्थानांतरित कर दिया जाता है, ताकि कोई त्रुटि किसी नवजात में पैदा ही न हो। सभी जीन-शृंखलाएँ डेटा बैंक में हैं। क्लोनिंग से पहले केन्द्रक का परीक्षण कर लिया जाता है, ताकि वह त्रुटिमुक्त हो।' मानव-समाज ऐसी स्थिति पर इक्कीसवीं सदी के अन्त तक पहुँच सकता है।

'जिज्ञासा' में जैविकी से सम्बन्धित ही नहीं, अन्य कई विषयों के लेख भी शामिल किए गए हैं। जैसे—उल्का वर्षा : कुछ तथ्य, इंटरनेट, वियागरा : गुण और दोष, घरेलू बिजली चालित उपस्करों की सावधानी, आदि। एक कहानी (ईनाम) है, तो दो कविताएँ भी हैं। इनके अलावा, 'ज्योतिषी और वैज्ञानिक' और 'विज्ञापनों की चकाचौंध' जैसे वैचारिक लेख भी हैं। कुछ मजेदार चुटकुले हैं, सूक्तियाँ हैं और वैज्ञानिक विषयों से सम्बन्धित 'बूझो तो जानो' यानी वर्ग पहेली भी है, उसके हल सहित।

अंत में डी.एन.ए. फिंगर प्रिंटिंग तकनीक से सम्बन्धित दो 'साइटून' हैं। 'साइटून' ऐसे व्यंग्यचित्र होते हैं जिनके माध्यम से वैज्ञानिक संदेश को सरल शब्दों में व्यक्त किया जाता है। डॉ. लालजी सिंह ने डी.एन.ए. फिंगर प्रिंटिंग की एक नई विधि खोजी है और इसका खूब इस्तेमाल हो रहा है, इसलिए बहुत से लोग सी.सी.एम.बी. को महज 'डी.एन.ए. फिंगर प्रिंटिंग वाला' संस्थान समझ बैठते हैं।

मगर बात ऐसी नहीं है। पत्रिका में शुरू में ही दिए गए लेख 'सी.सी.एम.बी. : एक परिचय' से यह भ्रम दूर हो जाता है। इस संस्थान में जीवन-विज्ञान के सभी प्रमुख क्षेत्रों में शोधकार्य हो रहा है। विशेष बात यह है कि इस संस्थान की अपनी एक विशिष्ट कार्य-संस्कृति है।

जैसे, 'प्रयोगशाला विभागों और प्रभागों में नहीं बँटी है। इस प्रकार की व्यवस्था के अनावश्यक और व्यर्थ की पुनरावृत्ति और व्यक्तिगत प्रभुता पर अंकुश लगता है।...बजट का वितरण भी प्रोजेक्ट के आधार पर न क़रके केन्द्रीय रूप से किया जाता है।..सी.सी.एम.बी. में हम लोग यह मानते हैं कि अनुशासन स्वयं अपनाया जाए तो चलता है, बाहर से थोपने पर नहीं। इसलिए उपस्थिति और आने-जाने के समय के बारे में पूछा नहीं जाता; फिर भी सभी समय का पालन करते हैं। सी.सी. एम.बी. में छुट्टी का कोई मतलब नहीं होता।'

सी.सी.एम.बी. पूर्णतः जीवन-विज्ञान के लिए समर्पित होने पर भी यहाँ साहित्य, संगीत और कला का खूब सम्मान होता है। संस्थान के प्रमुख प्रकोष्ठ का उपयोग कला वीथिका के रूप में किया जाता है। यहाँ समय-समय पर हिन्दी के साहित्यकारों को भी आमंत्रित किया जाता रहा है।

और, अब संस्थान ने 'जिज्ञासा' का प्रकाशन आरम्भ करके एक नई पहल की है—नई सदी में विज्ञान, विशेष कर जैविकी से सम्बन्धित जानकारी को हिन्दी में प्रस्तुत करने की पहल। डॉ. लालजी सिंह आश्वासन देते हैं और आशा रखते हैं : 'पत्रिका का अगला अंक नई सहस्राब्दी का पहला अंक होगा, जिसमें हम अन्य लेखों के अलावा जीव-विज्ञान, जैव प्रौद्योगिकी और डी.एन.ए. तकनीक से सम्बन्धित अद्यतन और नवीनतम जानकारी सम्मिलित करेंगे।...भविष्य में विज्ञान पत्रिका जगत में इसे एक उच्च स्तर देने का हम हर सम्भव प्रयास करेंगे। शायद, लोग तब इसे खरीदकर भी पढ़ना चाहें।'

मैं चाहूँगा कि जीव-विज्ञान में दिलचस्पी रखने वाले हिन्दी पाठक भी सी.सी.एम.बी. को आश्वासन दें—'जिज्ञासा' हम खरीदकर ही पढ़ना चाहेंगे, और अनुरोध करें कि इस वैज्ञानिक पत्रिका को त्रैमासिक नहीं तो अर्धवार्षिक अवश्य ही बना दें।

कहाँ पहुँचाएगी इक्कीसवीं सदी

हममें से बहुत से लोग इक्कीसवीं सदी के सूर्योदय को देखने की उम्मीद रखते हैं। हमारे बच्चे इक्कीसवीं सदी के पूर्वार्द्ध के भोक्ता होंगे। हमारे आज के निजी और सार्वजनिक जीवन की अनेक योजनाएँ हमें इक्कीसवीं सदी की परिस्थितियों के साथ जोड़ देती हैं। इसलिए जानना जरूरी है कि कैसा होगा हमारा और हमारे उत्तराधिकारियों का इक्कीसवीं सदी का संसार?

कौन बताएगा हमें यह भविष्य? कौन बताएगा कि 21वीं सदी के मध्यकाल तक बढ़ती आबादी और भोजन सामग्री की क्या स्थिति होगी? ऊर्जा के कौन से नए स्रोत उपलब्ध होंगे? कोयला, तेल और धातुओं की कमी के कारण किस तरह के संकट पैदा होंगे? आवास, परिवहन और संचार सम्बन्धों की क्या स्थिति होगी? कम्प्यूटर और रोबोट मानव समाज की क्या दशा बना देंगे? विज्ञान और टेक्नोलॉजी के कौन से नए आविष्कार सम्भव है? 21वीं सदी की राजनीति और सामाजिक परिस्थितियाँ किस प्रकार की होंगी?

फलित-ज्योतिष इन सवालों के उत्तर हमें नहीं दे सकता। इन सवालों के उत्तर जानने के लिए अब एक नया विज्ञान अस्तित्व में आ गया है। पाश्चात्य देशों में इसे 'फ्यूचरोलॉजी' यानी 'भविष्य विज्ञान' के नाम से जाना जाता है। पूँजीवादी देशों की बड़ी-बड़ी उद्योग व्यावसायिक कम्पनियों के लिए यह जानना जरूरी हो गया है कि उनके द्वारा उत्पादित माल की निकट भविष्य में क्या दशा होगी।

इसलिए ऐसी बड़ी कंपनियों ने दूसरे महायुद्ध के समय से विज्ञान और टेक्नोलॉजी के प्रभावों का भविष्य आँकनेवाले संस्थान खड़े करने शुरू किए। भविष्य कथन की अनेक गणितीय विधियाँ भी अस्तित्व में आ गई हैं। अनेक वैज्ञानिक भविष्य कथन के ऐसे संस्थानों से जुड़े हुए हैं।

लेकिन यह 'भविष्य-कथन' शब्द उपयुक्त नहीं है। इसमें भविष्य-कथन से सम्बन्धित परम्परागत ठग विद्याओं की गंध आती है। समुचित शब्द होगा–'भविष्य का पूर्वानुमान या पूर्वाभास'। पूर्वानुमान से कुछ अधिक सम्भव भी नहीं है। इसके आगे कल्पित वैज्ञानिक कथानकों का दायरा शुरू हो जाता है। यहाँ हमारा प्रयास होगा पचास-साठ साल की दुनिया का एक खाका प्रस्तुत करना और

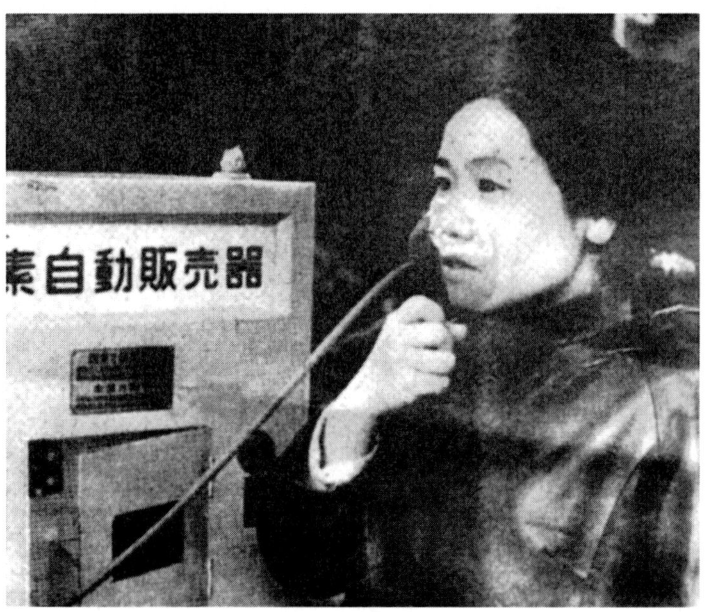

टोकियो के प्रदूषित वातावरण में ऑक्सीजन सूँघती महिला

देखना कि तब तक हमारे देश की क्या दशा होगी। पहले बढ़ती आबादी और खाद्य सामग्री की समस्या पर विचार करें।

1900 में दुनिया की कुल आबादी करीब डेढ़ अरब थी। आज यह करीब साढ़े चार अरब है। 25 साल की अवधि में आबादी करीब दुगुनी हो जाती है। संयुक्त राष्ट्र संघ के अध्ययन के अनुसार 2000 ई. में दुनिया की आबादी सात अरब हो जाएगी, और आबादी इसी प्रकार बढ़ती रही तो 2050 ई. तक यह 15 अरब हो जाएगी।

ईसा की आरम्भिक सदी में सारी दुनिया की आबादी लगभग 23 करोड़ थी। उस समय भारत की आबादी 4 करोड़ से अधिक नहीं थी। अब भारत की आबादी करीब 70 करोड़ है। इक्कीसवीं सदी के मध्य तक भारत की आबादी डेढ़ अरब होगी। संसार के अनेक देशों में हर बरस ढाई-तीन प्रतिशत के हिसाब से आबादी बढ़ रही है। महानगरों में बढ़ती आबादी की रफ्तार अधिक तेज है। 21वीं सदी के मध्य काल तक दिल्ली, कलकत्ता और बबई जैसे महानगरों की आबादी चार-पाँच गुना बढ़ जाएगी। कुछ वैज्ञानिक जनसंख्या की मौजूदा रफ्तार को देखते हुए भविष्य का एक घोर निराशावादी चित्र प्रस्तुत करते हैं। फ्रेड हॉयल का मत है कि एक हजार साल बाद दुनिया की आबादी इतनी अधिक बढ़ जाएगी कि हर मनुष्य के लिए धरती पर केवल एक वर्ग मीटर जगह रहेगी। लेकिन दूसरे कई वैज्ञानिकों का मत है कि जनसंख्या वृद्धि को रोकने के कारगर उपाय खोज लिए जाएँगे, आबादी बहुत अधिक नहीं बढ़ेगी।

फिर भी, सभी वैज्ञानिक स्वीकार करते हैं कि बढ़ती आबादी के लिए निवास एक कठिन समस्या बनती जाएगी। भवनों का ऊपर उठते जाना दिनोंदिन बढ़ता जा रहा है। ऐसे गगनचुम्बी भवन बनाए जा सकते हैं जिनमें एक लाख लोग रह सकें। धरती के नीचे, समुद्र सतह पर और समुद्र के नीचे भी बस्तियाँ बनाई जा सकती हैं।

हमारे समय में अन्तरिक्ष का युग शुरू हुआ। 21वीं सदी के आरम्भ में अन्तरिक्ष में तीन-चार सौ किलोमीटर की ऊँचाई पर अन्तरिक्ष स्टेशन और फैक्टरियाँ स्थापित होना लगभग निश्चित है। वैज्ञानिकों का मत है कि भविष्य में सौर-मंडल के ग्रहों, चन्द्रों और लघुग्रहों को भी आबाद करना सम्भव होगा। पर दूसरे अनेक वैज्ञानिकों का मत है कि बढ़ती आबादी की समस्या हमें यहाँ धरती पर ही सुलझानी होगी। गर्भ-निरोधक उपाय ही इसका एकमात्र हल है।

हम जानते हैं कि आज दुनिया की काफी बड़ी आबादी भुखमरी की स्थिति में है। हम यह भी जानते हैं कि इसका मुख्य कारण सामाजिक और आर्थिक विषमता है। आज समूची धरती की केवल दस प्रतिशत जमीन में खेती की जाती है। वैज्ञानिक भी स्वीकार करते हैं कि तीन ऐसी चीजें हैं जिनसे इतनी ही जमीन में खेती की उपज को कई गुना बढ़ाया जा सकता है : यांत्रिकीकरण, रासायनिक और जैव तकनीकी।

हमारे देश में आज भी हजारों साल पहले के कृषि-औजारों का अधिक इस्तेमाल होता है। लेकिन वर्तमान सदी में अनेक नए कृषि-यंत्र अस्तित्व में आए हैं। अब तो कृषि में रोबोटों का भी इस्तेमाल शुरू हो गया है। कृषि में यंत्रों का अधिक इस्तेमाल होगा, तो पैदावार भी बढ़ेगी। कृत्रिम खादों और कीट-नाशक रसायनों का इस्तेमाल हमें काफी सावधानी से ही करना होगा, ताकि इससे प्रकृति का जैविक सन्तुलन न बिगड़ जाए।

बीज-संस्करण के तरीकों से अनाजों में निश्चय सुधार किया जा सकता है। गेहूँ या चावल के दानों को बढ़ाया जा सकता है। तिलहनों में तेल की और गन्ने में शर्करा की मात्रा बढ़ाई जा सकती है। लेकिन भविष्य का मानव अपनी भोज्य सामग्री के लिए केवल कृषि उपज पर ही निर्भर नहीं रहेगा। कृषि का स्थान रसायन ले

लेंगे। सोवियत वैज्ञानिक श्चेरवाकोव का मत है कि इस सदी के अन्त तक संश्लेषित प्रोटीनों को औद्योगिक स्तर पर पाना सम्भव हो जाएगा। इन संश्लेषित प्रोटीनों से खाद्य-सामग्री तैयार की जाएगी। कृषि-फार्मों का स्थान भोजन-फैक्टरियाँ ले लेंगी।

वनस्पति के पत्तों में जैसा प्रकाश-संश्लेषण होता है, वैसा यदि कृत्रिम रूप से सम्भव हो जाए, तो भोजन-सामग्री की समस्या सुलझ सकती है। जैव तकनीकी के जरिये ऐसे एक-कोशीय जीवाणु तैयार किए जा सकते हैं जो हमारे लिए भोजन-सामग्री तैयार कर देंगे। लेकिन ये काफी दूर की बातें हैं। 21वीं सदी में पहुँचने पर भी भारत में हमें राशन की घटिया अनाज ही खाना पड़ेगा। खाने की बढ़िया चीजें विदेशी चीजों के भारी आयात के बदले बाहर जाती रहेंगी और देश में केवल धनी लोगों को ही उपलब्ध होंगी।

अब ऊर्जा की स्थिति पर विचार कीजिए। खनिज तेल का औद्योगिक उत्पादन पिछले करीब डेढ़ सौ सालों से हो रहा है। असम में तेल का पहला कुआँ 1859 में खोदा गया था। कोयले और तेल का सर्वाधिक इस्तेमाल इसी सदी में हुआ है। तेल और कोयले के नए-नए भंडार मिल रहे हैं, लेकिन ये भंडार अक्षय नहीं हैं। अब धरती के गर्भ में नया तेल या कोयला पैदा नहीं हो रहा है। मौजूदा भंडार दो-तीन सौ साल से अधिक समय तक नहीं टिकेंगे।

बढ़ती आबादी के साथ ऊर्जा की खपत भी बढ़ जाएगी। 21वीं सदी के मध्यकाल में ऊर्जा की खपत आज से करीब 30 गुना अधिक होगी। तब इसकी पूर्ति कैसे होगी?

यूरेनियम और थोरियम की परमाणु-ऊर्जा हमारी सारी जरूरतों को पूरा नहीं कर सकतीं। इस ऊर्जा के साथ कई भयावह खतरे भी जुड़े हुए हैं। यूरेनियम और थोरियम के भंडार भी अक्षय नहीं हैं।

इसलिए ऊर्जा के दूसरे साधन हमें विकसित करने होंगे। ऐसे में जल-ऊर्जा, पवन-ऊर्जा, ज्वार-भाटे की ऊर्जा आदि कई साधनों का विकास सम्भव है।

भारत-जैसे उष्णकटिबंधीय देश में सौर-ऊर्जा पर जितना ध्यान दिया जाना चाहिए, उतना नहीं दिया जा रहा है। सौर-सेल सूरज के प्रकाश को सीधे बिजली में बदल देते हैं। सिलिकन के सस्ते सौर-सेल बनाना सम्भव हो जाए, तो प्रदूषण-रहित सौर-ऊर्जा का व्यापक उपयोग हो सकता है।

'गाल्लियम-आर्सेनाइड' के सौर-सेल अधिक क्षमता से सौर-ऊर्जा को बिजली में बदल सकते हैं। अन्तरिक्ष की ऊँचाई में सौर-सेलों के बड़े-बड़े स्टेशन स्थापित करके भी धरती पर ऊर्जा प्राप्त की जा सकती है। लेकिन लगता है कि जब तक तेल और कोयले से बिजली मिलती रहेगी, तब तक सौर-ऊर्जा के मामले में तेजी से अनुसंधान नहीं होगा। लगता है, आदमी तेल और कोयले के भंडारों को खत्म करके ही रहेगा, हालाँकि रसायनों और औषधियों के लिए इन्हें कुछ हद तक बचाए रखना जरूरी है। एक ऐसी भी ऊर्जा है जो ऊर्जा के हमारे संकट को सदा के लिए समाप्त कर सकती है। यह है सूर्य और दूसरे तारों की ऊर्जा। यह 'तापनाभिकीय' (थर्मोन्यूक्लियर) ऊर्जा हाइड्रोजन बम के विस्फोट के रूप में प्राप्त करने में हमें सफलता मिल गई है। जरूरत है इसे नियंत्रित रूप में प्राप्त करने की। इस दिशा में कोशिशें जारी हैं। इस ऊर्जा के लिए महासागरों के पानी में निहित हाइड्रोजन के रूप में ईंधन की कोई कमी नहीं है। विशेष किस्म के हाइड्रोजन के परमाणु आपस में जुड़कर तापनाभिकीय ऊर्जा पैदा करते हैं। वैज्ञानिकों को यकीन है कि वर्तमान सदी के अन्त तक नियंत्रित तापनाभिकीय ऊर्जा के साधन उपलब्ध हो जाएँगे। आर्थर क्लार्क ने ठीक ही कहा है कि 'द्रव्य या ऊर्जा के अभाव में हमें

भयभीत होने की जरूरत नहीं है। हमें सर्वाधिक भय है केवल एक बात का—हमारे अपने दिमाग खोखले होते जाने का।'

'कृत्रिम दिमागों' यानी कम्प्यूटरों पर विचार कीजिए। दूसरे महायुद्ध तक लिखे गए वैज्ञानिक कथानकों में तरह-तरह की कल्पना की गई थी, पर आज के इलेक्ट्रॉनिक कम्प्यूटरों की कल्पना किसी ने नहीं की थी। हमारे देखते-देखते कम्प्यूटर सारी दुनिया में छा गए हैं। अभी दो-तीन साल पहले तक भारत के आम आदमी को कम्प्यूटरों के बारे में कोई खास जानकारी नहीं थी। लेकिन थोड़े अरसे में ही सारा नक्शा बदल गया है। रेल-यात्रा व हवाई-यात्रा के आरक्षण में और बैंकों में कम्प्यूटरों का इस्तेमाल शुरू हो गया है। हिसाब-किताब और मुद्रण में कम्प्यूटरों का इस्तेमाल होता है। यह पूँजीवादी व्यवस्थाओं की प्रतियोगिता में उतरने का नतीजा है।

कम्प्यूटर संचार और नियंत्रण के भी शक्तिशाली साधन बन गए हैं। अब एक कम्प्यूटर तारों या उपग्रहों के जरिये, दुनिया के किसी भी दूसरे कम्प्यूटर के साथ 'बातचीत' कर सकता है। कम्प्यूटर और टेलीविजन के जरिये दूर-दूर के शहरों को जोड़कर सेमीनार या सम्मेलन आयोजित करना सम्भव हो रहा है।

टेलीविजन पिछले करीब पचास वर्षों की देन है। संचार उपग्रहों ने टेलीविजन को दुनिया के कोने-कोने में और घर-घर में पहुँचा दिया है। आज तो हमें टेलीविजन पर वही देखना पड़ता है, जिसे हमारी शासन-व्यवस्था निर्धारित करती है। लेकिन वह दिन अब दूर नहीं है, जब हम दुनिया के दूसरे देशों के टेलीविजन-प्रसारण को अपने टेलीविजन सेटों में सीधे देख पाएँगे। उपग्रहों के जरिये सीधे टेलीविजन-प्रसारण की टेक्नोलॉजी तैयार है। उपग्रहों के ट्रांसमीटर इतने शक्तिशाली होंगे कि उनके द्वारा अंतरिक्ष से धरती की ओर

प्रसारित होनेवाले टेलीविजन-कार्यक्रम हम सीधे प्राप्त कर सकेंगे। मिसाल के लिए, अमेरिका की कोई निजी टेलीविजन कम्पनी कोई भारत-विरोधी प्रसारण करती है, तो उसे हम अपने घरों में सहज देख सकेंगे। यह व्यवस्था भूगोल की सारी सीमाओं को तोड़ देगी। सीधे उपग्रह-टेलीविजन-प्रसारण के दुनिया के अनेक अविकसित देशों पर क्या परिणाम होंगे, इस पर गम्भीरता से सोचना जरूरी है। टेलीविजन आज संचार का सर्वाधिक शक्तिशाली माध्यम है। यह माध्यम समाज के लिए उपयोगी भी बन सकता है, और बेहद घातक भी। अब अन्तरिक्ष-अनुसंधान पर विचार कीजिए। दूसरे महायुद्ध के समय से ही राकेटों का एक युद्धोपयोगी साधन के रूप में विकास हुआ। एक शक्तिशाली राकेट एक शक्तिशाली प्रक्षेपास्त्र भी होता है। अमेरिकी अन्तरिक्ष-शटल का विकास प्रमुख रूप से युद्ध के साधन में ही हुआ है।

21वीं सदी के आरम्भ में अन्तरिक्ष में स्थायी स्टेशन स्थापित हो जाएँगे। एक जबरदस्त होड़ ने आदमी को चन्द्रमा पर तो पहुँचा दिया है, पर अमेरिका में अब इतनी आर्थिक क्षमता नहीं रह गई है कि इक्कीसवीं सदी के शुरू तक वह चन्द्रमा पर स्थायी बस्ती आबाद कर सके। हाँ, इक्कीसवीं सदी के आरम्भ तक मंगल ग्रह की करीब ढाई साल की यात्रा सम्भव हो सकती है। पर आज के राकेट इतने समर्थ नहीं हैं कि सौर-मंडल के दूर के ग्रहों की यात्राएँ सहज सम्भव हो सकें। यदि नाभिकीय या फोटान-राकेट बनाना सम्भव होता है, तो फिर दूर के ग्रहों तक पहुँचने में कोई कठिनाई नहीं है। कल्पित कथानकों की बातों को छोड़ दीजिए, अन्तरिक्ष की कठोर परिस्थितियों को लम्बी अवधि तक झेल पाना मानव-शरीर के लिए सहज नहीं होगा। पर 21वीं सदी के अन्त तक धरती का मानव नए साधनों के जरिये समूचे सौर-मंडल में निश्चय ही व्याप्त हो जाएगा।

21वीं सदी के कम्प्यूटर किस प्रकार के होंगे, और क्या-क्या काम सँभालेंगे? आज कम्प्यूटरों की चौथी पीढ़ी का दौर चल रहा है, और पाँचवीं पीढ़ी जन्म लेने जा रही है। पाँचवीं पीढ़ी के कम्प्यूटरों के लिए जापान और अमेरिका में जबरदस्त होड़ मची हुई है। जापान में पाँचवीं पीढ़ी के कम्प्यूटरों के विकास के लिए एक दसवर्षीय योजना (1981-91) बनाई है, और वहाँ इन पर तेजी से अनुसन्धान चल रहा है।

आज के इलेक्ट्रॉनिक कम्प्यूटर संख्याओं और शब्दों को संसाधित (प्रोसेस) करने में समर्थ हैं। कम्प्यूटरों में यह कार्य दो संकेतों की तार्किक व्यवस्थाओं से होता है। लेकिन पाँचवीं पीढ़ी के कम्प्यूटर इससे कतई अलग होंगे। ये कम्प्यूटर समान्तर संसाधन (पैरेलल प्रोसेसिंग) पर आधारित होंगे। इनमें इतनी शक्ति होगी कि ये हमारी भाषाओं को सीधे ग्रहण करेंगे। ये कम्प्यूटर मानव के ज्ञान-भंडार को संसाधित करने में भी समर्थ होंगे। इन कम्प्यूटरों के लिए नई तार्किक भाषाओं का विकास किया जा रहा है।

आज कम्प्यूटर के 'मस्तिष्क' के रूप में एक नन्हे सिलिकन चिप्पड़ पर करीब दो लाख ट्रांजिस्टर या तार्किक 'फाटक' स्थापित करना सम्भव है। सिलिकन के स्थान पर गाल्लियम-आर्सेनाइड के चिप्पड़ का इस्तेमाल किया जाए, तो कम्प्यूटर की क्षमता करीब पाँच गुना बढ़ जाती है।

कम्प्यूटरों को प्रकाश या लेसर-किरणों से चलाने की दिशा में भी तेजी से अनुसन्धान हो रहा है। तब कम्प्यूटरों की क्षमता हजारों गुना बढ़ जाएगी और ये मानव-मस्तिष्क की बराबरी करने में समर्थ होंगे। विशेषज्ञों का मत है कि 21वीं सदी के आरम्भ तक पाँचवीं पीढ़ी के शक्तिशाली कम्प्यूटर निश्चित ही उपलब्ध हो जाएँगे। ये कम्प्यूटर

किन-किन कामों को सँभालेंगे और मानव-समाज का क्या हाल बना देंगे, इस पर गम्भीरता से सोचना बेहद जरूरी है। भारी कीमत देकर आज भारत में जिन अमेरिकी सुपरकम्प्यूटरों का आयात किया जा रहा है, वे एक दशक के भीतर ही पुराने पड़ जाएँगे।

कम्प्यूटरों के साथ जुड़कर रोबोट मनुष्य के अनेक काम सँभालने में सक्षम होंगे। रोबोट न केवल फैक्टरियों के कामों को, बल्कि सागरों और अन्तरिक्ष के अन्वेषण का भी काम करेंगे। तब आदमी के लिए कौन-से काम बचेंगे? अनेक वैज्ञानिक भविष्य के रोबोट-युग का भयावह चित्र प्रस्तुत करते हैं–सब कुछ प्रचुर मात्रा में उपलब्ध होगा और करने को बहुत कम रहा जाएगा। लोग आलसी बन जाएँगे। काम करने की आदत छूट जाएगी। सोचने की शक्ति भी बढ़ती जाएगी। मानव के सभी कार्य धीरे-धीरे रोबोट सँभाल लेंगे। अन्ततः रोबोट 'चेतना' प्राप्त कर लेंगे और मानव के नियंत्रण से मुक्त हो जाएँगे।

पर इस सम्भावना में यदि कोई सच्चाई भी हो, तो इसमें अभी काफी समय लग जाएगा। फिलहाल भारत जैसे बड़ी आबादी वाले देश के लिए कम्प्यूटर और रोबोट बेरोजगारी की भयावह समस्या ही बन सकते हैं। ये दोनों ही साधन समाज का नए सिरे से वर्ग-विभाजन करने में समर्थ हैं। एक होगा नियंत्रण करनेवाला अल्पसंख्यक समुदाय और दूसरा होगा नियंत्रित होनेवाला बहुसंख्यक समुदाय।

कम्प्यूटर ज्ञान-सामग्री के भंडारण और वितरण में क्रान्तिकारी भूमिका अदा करने जा रहे हैं। छोटी-छोटी चुम्बकीय चकतियों पर पूरे-के-पूरे विश्वकोश संचित कर देना सम्भव हो गया है। बड़े-बड़े ग्रन्थालयों को कम्प्यूटरों में जमा कर देने में कोई कठिनाई नहीं है। कम्प्यूटरों के स्मृति-भंडारों में संचित इस सामग्री को हम अपने घरों के टर्मिनलों पर इच्छानुसार प्राप्त कर सकते हैं और इसे प्रिंट भी कर सकते हैं। 21वीं सदी में यह व्यवस्था अस्तित्व में आ जाएगी।

कम्प्यूटरों द्वारा फोटो-कम्पोजिंग की व्यवस्था अब हमारे देश में भी फैल गई है। फिलहाल इससे बेरोजगारी की गम्भीर समस्या पैदा नहीं हुई है। लेकिन कम्प्यूटर प्रणालियाँ मुद्रण के सारे कार्य सँभालने में समर्थ हैं। सम्पादकीय कार्यालय में टर्मिनलों में मैटर भर देने के बाद छपाई तक के सारे काम स्वयमेव हो सकते हैं। समूची पत्रिका या समाचार-पत्र को कम्प्यूटरों में भर देने में कोई कठिनाई नहीं है। अपने घरों में स्थापित कम्प्यूटर-टर्मिनलों के स्क्रीन पर केन्द्रीय कम्प्यूटर में संचित इस सामग्री को इच्छानुसार प्राप्त किया जा सकता है, संलग्न प्रिंटरों के जरिए मुद्रित रूप में भी पाया जा सकता है। यह व्यवस्था समाज के सभी वर्गों के लिए मुहैया न भी हो, तब भी भयावह बेरोजगारी निस्सन्देह पैदा करेगी।

कम्प्यूटरों के लिए दुनिया की सभी भाषाएँ बराबर हैं, भले ही इनका जन्म-विकास अंग्रेजी माध्यम में हुआ हो। कम्प्यूटर अपनी एक विशिष्ट मशीनी भाषा में ही सारे काम करता है। परन्तु कम्प्यूटर टेक्नोलॉजी की अंग्रेजी शब्दावली हमारी भाषाओं के लिए निश्चय ही एक संकट बनने जा रही है। 21वीं सदी की हिन्दी में इलेक्ट्रॉनिक तकनीकी के अंग्रेजी शब्दों की भरमार रहेगी। इन शब्दों को देशी भाषाओं में अनूदित करना लगभग असम्भव हो रहा है। कम्प्यूटर टेक्नोलॉजी देश में अंग्रेजी के प्रभुत्व को बरकरार रखने जा रही है। द्विभाषी कम्प्यूटरों में एक अनिवार्य भाषा अंग्रेजी रहेगी।

निकट भविष्य के कम्प्यूटर एक भाषा से दूसरी भाषा में अनुवाद भी कर सकेंगे। इस दिशा में शुरुआत हो चुकी है। पाँचवीं पीढ़ी के उन्नत कम्प्यूटरों के लिए नई तार्किक भाषाएँ अस्तित्व में आ रही हैं। भविष्य के कम्प्यूटरों के लिए एक सार्वभौमिक भाषा के विकास के भी प्रयास जारी हैं। देर-सबेर एक विश्व-भाषा जन्म ले ही सकती है। लेकिन यह भी अभी काफी दूर की बात है। फिलहाल हमें

देशी भाषाओं को ज्ञान-विज्ञान और टेक्नोलॉजी से समृद्ध बनाने के ही काफी प्रयास करने होंगे। आम जनता को विज्ञान और टेक्नोलॉजी की जानकारी से दूर रखने के बड़े खतरनाक सामाजिक परिणाम होंगे।

कम्प्यूटर टेक्नोलॉजी की तरह जैब तकनीकी की भी बड़ी क्रान्तिकारी सम्भावनाएँ हैं। अब हम उस चीज को जानते हैं जिसके जरिये माता-पिता के आंगिक गुण सन्तान में प्रकट होते हैं। यह चीज है–डी.एन.ए. का विशिष्ट अणु। वैज्ञानिक अब इस अणु की रचना को जानते हैं, और इसमें रद्दोबदल भी कर सकते हैं। डी.एन.ए के जीनों में बदल करने का अर्थ है–आनुवंशिक गुणों में रद्दोबदल करना। अनेक किस्म के प्राणियों के जीनों में रद्दोबदल करके उनमें नए गुणों का आरोपण किया जा सकता है। प्रयोगशालाओं में ऐसे कुछ जीवाणु तैयार करने में सफलता भी मिली है, जैसे खनिज तेल का भक्षण करनेवाले जीवाणु।

जैव तकनीकी से ऐसे जीवाणु तथा विषाणु तैयार किए जा सकते हैं जो मानव-जाति के लिए कल्याणकारी हो सकते हैं, तो विनाशकारी भी। इसलिए इस तकनीकी पर सामाजिक नियंत्रण बहुत जरूरी है। अमेरिका में आनुवंशिक इंजीनियरी से पैदा किए गए जीवाणुओं के पेटेंट लेना शुरू हो गया है। ऐसे जीवाणु इंसुलीन-जैसी चीजें बना सकते हैं, तो भयावह रोग भी फैला सकते हैं। आनुवंशिक इंजीनियरी से अनाजों की नई किस्में भी तैयार की जा सकती हैं। 21वीं सदी में इस टेक्नोलॉजी का भी खूब विकास होगा।

कृत्रिम गर्भाधान सम्भव हो ही गया है। 21वीं सदी में पहुँचने पर इच्छानुसार बालक या बालिका को प्राप्त करना भी सम्भव हो जाएगा। 21वीं सदी में पहुँचने पर कैंसर-जैसे भयावह रोग का रामबाण इलाज सम्भव हो जाएगा, परन्तु एड्स जैसे नए विषाणुजन्य

रोग भी जन्म ले सकते हैं। बूढ़ापे के कारणों को समझकर आयु-सीमा को बढ़ाना भी सम्भव हो सकता है।

विज्ञान और टेक्नोलॉजी के नए युग ने जहाँ बहुत सारे नए साधन दिए हैं, वहाँ मानव-जाति के लिए अनेक भयावह संकट भी उपजाए हैं। सबसे बड़ा संकट है प्रदूषण का—वायुमंडल का प्रदूषण, पानी का प्रदूषण, मिट्टी का प्रदूषण। संक्षेप में उस समूचे जैवमंडल का प्रदूषण जो मानव के क्रियाकलापों का स्रोत है।

21वीं सदी में महानगरों का जीवन नारकीय बन जाएगा। कलकत्ता का उदाहरण लीजिए। अभी दो सौ साल पहले यहाँ सिर्फ दलदल था। आज यह भारत का सबसे बड़ा नगर है। कलकत्ता की मोटर-गाड़ियाँ, कल-करखाने, ऊर्जा के घरेलू साधन, तापबिजलीघर आदि प्रतिदिन 670 टन प्रदूषित द्रव्य वायुमंडल में छोड़ते हैं। बम्बई और दिल्ली जैसे महानगरों का भी यही हाल होने जा रहा है। ऐसे महानगरों की कोई भी असामान्य घटना कहर मचा दे सकती है। भोपाल की गैस दुर्घटना का उदाहरण हमारे सामने है। महानगरों में एक दिन के लिए भी बिजली बन्द रहे, तो सारा जीवन ठप्प हो जाएगा। 21वीं सदी में पहुँचने पर महानगरों में परिवहन की समस्या भी भयावह रूप धारण कर लेगी।

21वीं सदी में पहुँचने पर जीवन किस तरह का बनेगा, यह इस पर निर्भर करता है कि देश की आर्थिक अवस्था और राजनीति किस प्रकार की रहेगी। पूँजीवादी व्यवस्थाएँ भी विज्ञान और टेक्नोलॉजी का विकास करने में समर्थ हैं। लेकिन पूँजीवादी और साम्यवादी व्यवस्थाओं में विज्ञान और टेक्नोलॉजी की उपलब्धियों का उपयोग भिन्न-भिन्न प्रकार से होता है। उदाहरण के लिए, अमेरिका में प्रदूषण एक भयावह समस्या बनता जा रहा है। सोवियत संघ में ऐसी कोई समस्या नहीं है। सोवियत संघ में कम्प्यूटर जैसी टेक्नोलॉजी को खतरनाक नहीं माना जाता।

भारत अभी काफी हद तक सामन्ती युग में जी रहा है। कहने के लिए देश में प्रजातंत्र है, पर 'राजा कालस्य कारणम्' कहावत आज भी सच है। प्रधानमंत्री ने कम्प्यूटरों में अपनी आस्था प्रकट की, और देश में इन मशीनों का एकाएक एक रेला सा आ गया। हमें सोचना चाहिए कि कम्प्यूटर-जैसी टेक्नोलॉजी का विकास पूँजीवादी समाजों में किस मकसद से किया जा रहा है, और भारत के लिए इनकी किस सीमा तक उपयोगिता है? मेनन-जैसे वैज्ञानिक सलाहकार बहुत बड़ा झूठ बोल रहे हैं कि कम्प्यूटर देश की बेरोजगारी नहीं बढ़ाएँगे। शासकों और वैज्ञानिकों का यह नया गठबन्धन 21वीं सदी के भारत के लिए बड़ा खतरनाक साबित हो सकता है। प्रधानमंत्री का 21वीं सदी का ख्वाब एक वर्ग-विशेष के लिए ही सुख-सुविधाएँ जुटा सकता है, आम जनता के लिए नहीं। आम जनता को सचेत होना होगा, विज्ञान तथा टेक्नोलॉजी की उपलब्धियों की अच्छाइयों और बुराइयों को ठीक से समझना होगा, देश की समाज-व्यवस्था को बदलने के लिए जबरदस्त संघर्ष करना होगा। तभी जाकर हमारा और हमारे उत्तराधिकारियों का 21वीं सदी का भविष्य कुछ उज्ज्वल हो सकता है।

हममें से बहुतों को अतीत अच्छा लगता है, अतीत की व्यवस्थाएँ अच्छी लगती हैं, अतीत के नैतिक मूल्य अच्छे लगते हैं। पर कोई भी अतीत का जीवन नहीं जी सकता। हम वर्तमान में ही जी सकते हैं, और मानव-जाति का भविष्य वर्तमान में ही जन्म ले रहा है। इसलिए आशावादी और उज्ज्वल भविष्य के लिए वर्तमान को ही ठीक से समझना जरूरी है, वर्तमान को बदलना जरूरी है।

●●●

भविष्य में क्या होगा?

सन्	अन्तरिक्ष-अनुसन्धान	भौतिकी	रसायन	जीव-विज्ञान चिकित्सा	भू-विज्ञान	संचार-व्यवस्था	परिवहन
2000	चन्द्र पर स्थायी बस्ती। नए शक्तिशाली राकेट। सौर-मंडल का व्यापक सर्वेक्षण।	नियन्त्रित तापनाभिकीय ऊर्जा। गुरुत्वाकर्षण-तरंगों की खोज। होलोग्राफी का व्यापक प्रयोग।	यूरेनियम के आगे के तत्त्वों का कृत्रिम निर्माण। ईंधन-सेलों से बिजली का व्यापक उत्पादन।	जीन-इंजीनियरी का विकास। कृत्रिम अवयवों का व्यापक इस्तेमाल। औसत आयु 85 साल	खनन कार्यों में परमाणु विस्फोटों का व्यापक इस्तेमाल।	तेज रफ्तार वाली विद्युत-रेलें। हवाई यात्रा के वैयक्तिक साधन।	कम्प्यूटर ग्रन्थालय, त्रिविमितीय रंगीन टेलीविजन। केंद्रीय ज्ञान-भंडार व्यवस्था।
2020	बृहस्पति के उपग्रह पर मानव। प्लूटो तक की यात्रा। मंगल पर बस्ती। अन्तरिक्ष के दूसरे प्राणियों से सम्पर्क	परमाणु-कणों के व्यापक सिद्धान्त की स्थापना। प्रकृति में विद्यमान सभी बलों का एक संयुक्त सिद्धान्त।	परमाणु-कणों से तत्त्वों का निर्माण। जैव-रासायनिक प्रक्रियाओं का उद्योगों में व्यापक प्रयोग।	आनुवंशिक गुणों में रद्दोबदल। औसत आयु 100 साल। सरल कृत्रिम जीवों का निर्माण।	पार्थिव इंजीनियरी का विकास। जागतिक स्तर पर एक सप्ताह पहले भूकम्पों की भविष्यवाणी सम्भव।	निर्वात सुरंगों में जेट-इंजनयुक्त विद्युत-चुम्बकीय रेलें-रफ्तार दस हजार कि.मी. प्रति घंटा।	घरों में समाचार-पत्रों का सृजन। दूर के प्राणियों से सम्पर्क। लेसर किरणों व उपग्रहों के आधार पर जागतिक संचार-व्यवस्था।
2050	समीप के ग्रहों पर स्थायी बस्तियाँ। गुरुत्वाकर्षण पर नियंत्रण। सौर-मंडल के परे अभियान।	विश्व की उत्पत्ति एवं विकास का व्यापक सिद्धान्त।	रासायनिक-विधियों से खाद्य-सामग्री का व्यापक उत्पादन।	सभी रोगों पर विजय। वृद्धत्व के अनेक कारणों की खोज।	व्यापक स्तर पर भू-गर्भ का सर्वेक्षण-अन्वेषण।	सम्पूर्ण परिवहन-व्यवस्था स्वनियंत्रित।	एक जागतिक भाषा का विकास। रोबोटों का व्यापक प्रयोग।
2070	सौर-मंडल के ग्रहों पर बस्तियों की स्थापना।	–	इच्छित गुण-धर्मों वाले हर प्रकार के पदार्थ का निर्माण।	–	–	–	–
2100	प्रकाश-गति के तुल्य गतिमान रॉकेटों का निर्माण। समीप के तारों की ओर अभियान।	दिक् और काल पर प्रभुत्व।	–	–	–	–	–